Lars Vollmer

WRONG TURN

Warum Führungskräfte in komplexen Situationen versagen

orell füssli Verlag

Umschlaggestaltung und Motiv: Hauptmann & Kompanie Werbeagentur, Zürich
Druck: fgb • freiburger graphische betriebe, Freiburg

ISBN 978-3-280-05527-4

Die Deutsche Nationalbibliothek verzeichnet diese Publikation in der Deutschen Nationalbibliografie; detaillierte bibliografische Daten sind im Internet über http://dnb.d-nb.de abrufbar.

MIX
Papier aus verantwortungsvollen Quellen
FSC® C106847
FSC
www.fsc.org

Inhaltsverzeichnis

Prolog: Die Abkürzung

50 Grad im Schatten.

Nur dass es hier keinen Schatten gibt.

Dazu fehlen die Bäume.

Sie steigen aus dem Auto und treten auf irgendein Skelett. Vielleicht ein Dingo, der hier sein Grab gefunden hat. Die stumme Botschaft der Knochen im glutroten Sand: Hier ist Endstation.

Offenkundig war es doch keine so gute Idee, mit einem Wagen, der fast 30 Jahre auf dem Buckel hat, durch das australische Outback zu gondeln. Klar, der alte Nissan war ein Schnäppchen. 200 Dollar auf die Hand. Der Vorbesitzer, ebenfalls ein Tourist, hat Ihnen noch versichert, dass der Wagen die Strecke von Perth nach Sydney in den vergangenen zwei Jahren Dutzende Male absolviert habe – ohne jemals eine größere Panne zu haben. Jeder der vielen Aufkleber am Rand der Windschutzscheibe stamme von einem glücklichen Vorbesitzer. Er riet Ihnen, dasselbe zu tun, bevor Sie die Karre in Sydney weiterverkaufen.

Aber um Aufkleber müssen Sie sich jetzt wirklich keine Sorgen machen. Sorgen haben Sie schon genug. Sie ahnen, dass Sie nie in Sydney ankommen werden. Zumindest nicht mit diesem Auto.

Knapp 60 Kilometer nach der Abfahrt in Perth hat das Kühlwasser zum ersten Mal gekocht. Nach einer längeren Pause sind Sie endlich weitergefahren – keine halbe Stunde später dann fiel die Klimaanlage aus. Beides zu kompensieren ist gar nicht so einfach. Sie setzten die Reise also notgedrungen mit voll aufgedrehter Heizung und offenen Fenstern fort. Im Grunde hätte es schlimmer kommen können, denken Sie noch hoffnungsfroh.

Das war vorgestern.

Gestern kam es dann schlimmer.

Auf einer Straße mit Schotter-Belag hatten Sie eine Reifenpanne. Und als Sie das Ersatzrad montieren wollten, stellten Sie fest, dass auch dieses platt war. Anscheinend war einer der Vorbesitzer in derselben Situation gewesen und hatte das ausgewechselte Rad einfach verstaut. Glücklicherweise war die Auffahrt auf den Highway – und damit eine Tankstelle – nur fünf Kilometer entfernt. Während der langsamen Weiterfahrt auf der Felge kochte dann wieder mal der Kühler.

Die Reparatur war nicht ganz billig. Wenigstens hatten Sie danach nicht nur neue Reifen, sondern auch eine funktionierende Klimaanlage. Das war es Ihnen wert. Als Sie abends in einem Motel abstiegen, waren Sie trotz allem guter Dinge. Was wäre eine Autoreise durch Australien auch ohne ein paar coole, abenteuerliche Situationen?

Gestern Abend dachten Sie noch optimistisch.

Auch heute Morgen sah alles so weit rosig aus. Der Highway war breit und leer. Der Motor des Nissan schnurrte ohne Macken vor sich hin, begleitet von Gute-Laune-Oldies aus dem Radio: »Lollipop lollipop oh lolli lolli lolli lollipop.« Gut 300 Kilometer lagen schnell hinter Ihnen. So hätte es immer weitergehen können.

Hätte.

Denn stattdessen stehen Sie jetzt auf einer glutheißen, von Sand und Steinen übersäten Piste mitten im Nirgendwo von Westaustralien, fernab jeder größeren Straße. Zivilisation? Fehlanzeige. Neben Ihnen die verflixte Rostlaube, mit der Sie hergekommen sind. Ein letztes Röcheln, bevor der Motor ausgeht. Vor 20 Kilometern hatten Sie noch befürchtet, das Benzin könnte nicht reichen. Der dichte Rauch, der jetzt zischend unter der Motorhaube hervorquillt, spricht eher dafür, dass der Kühler endgültig den Geist aufgegeben hat.

Wie sind Sie bloß in diese elende Situation geraten? Eigentlich war Ihre Route doch perfekt geplant – immer den Highway entlang und einen Stopp einlegen, wenn es sich ergibt. Aus reiner Freundlichkeit haben Sie den sympathischen Anhalter mitgenommen, der an einer verlassenen Bushaltestelle wartete. Und sich auf seine Worte verlassen, als Sie kurz darauf eine unbefestigte Abzweigung vom Highway erreichten.

»Turn left here, mate. It's a shortcut to Meekatharra. Trust me, mate, I know these parts.«

Hätten Sie nur nie auf diesen Rat gehört! Aber er klang so gut.

Schon bei der ersten Kreuzung wurde Ihr Mitfahrer ziemlich wortkarg. Nach einer Weile entpuppte sich die angebliche Abkürzung als regelrechte Holperstrecke ins Nirgendwo. Das war vor etwa 60 Kilometern. Spätestens da hätten Sie umkehren sollen.

Der rötliche Sandboden glüht vor Hitze. An das kaum kühlere Blech der Karosserie gelehnt, lassen Sie sich im schmalen Schattenstreifen des qualmenden Wagens nieder und greifen nach der Trinkwasserflasche. Ein knapper halber Liter ist noch übrig für Sie und Ihren Mitfahrer …

Schnitt!

Filme wie *The Texas Chainsaw Massacre, Wolf Creek, The Hills Have Eyes* oder *Wrong Turn* fangen so oder ähnlich an: Die Protagonisten nehmen eine Abkürzung. Im Vollbesitz ihrer geistigen Kräfte entscheiden sie sich dafür, vom Weg abzuweichen. Ohne Absicht schlittern sie dann in eine verzwickte Situation, in welcher der Bösewicht nach Herzenslust sein grausam-grässliches Spiel mit ihnen treiben kann. Die Abkürzung erweist sich als verhängnisvoll.

Wrong Turn!

In diesem Buch geht es um Sicherheit. Zumindest um jene Sicherheit, die Sie zu haben glauben. Mit einem Plan machen Sie sich auf den vermeintlich sicheren Weg, landen aber in einer Sackgasse: Organigramme, Budgets, Projektmanagement, Controlling,

Boni, Prozessstandardisierung – das sind Modelle und Pläne, die sich wunderbar anhören. Aber was verbirgt sich hinter ihnen? Funktionieren sie wirklich oder scheitern sie in der komplexen Welt?

Und was passiert eigentlich genau, wenn Ihre Unternehmensziele nicht erreicht werden? Und warum scheitern Ihre Modelle? Woran liegt es, dass die Umsatzzahlen sich konträr zu ausgefeilten Optimierungsmaßnahmen entwickeln? Dass minutiös geplante Entscheidungen unvorhergesehene, desaströse Folgen haben? Dass die isolierte Veränderung, die Sie ausprobiert haben, einen Rattenschwanz an unerwünschten Nebenwirkungen nach sich zieht oder plötzlich unvorhergesehene Dinge auf Sie und Ihren Plan einprasseln? Kurz, dass die Dinge komplett anders laufen, als Sie es sich vorgestellt haben?

Was vermeintliche Sicherheit verhieß, entpuppt sich als billige Pappkulisse. Hinter der ein Abgrund lauert. Man kann Ihnen nicht verdenken, dass Sie verzweifelt einen Ausweg suchen. Doch welchen Plan Sie sich in einer Situation auch zurechtlegen – aus irgendeinem Grund sieht es nicht gut für Sie aus. Aber warum ist es so weit gekommen?

Genau das ist die Kernfrage dieses Buches: Warum versagen heute in komplexen Situationen immer mehr Führungskräfte? Dieser Frage werden wir auf den folgenden Seiten gemeinsam Schritt für Schritt auf den Grund gehen. Atmen Sie tief durch, fassen Sie sich ein Herz – und folgen Sie mir in die Höhle des Löwen …

Teil I

WRONG

1. Kostenrechnung für Wetterfrösche

3. Juni: Ich bin zufrieden. Mein Leben ist perfekt. Wenn ich morgens aufwache, lässt das Frühstück nicht lange auf sich warten. Punkt 9.00 Uhr ist es so weit. Dann esse ich mich erst mal satt. Danach gehe ich spazieren. Rings um den Hof gibt es Bäche und Wiesen. Zwischendurch lasse ich mich im Halbschatten nieder und döse ein bisschen. Wenn ich hungrig werde, hole ich mir unterwegs einen Imbiss oder mache mich auf den Weg zurück zum Hof.

18. Juni: Die Verpflegung ist gut, wie schon gesagt. Auch wenn es immer dasselbe zu essen gibt. Und immer um dieselbe Uhrzeit, 9:00 Uhr. Auch morgen wird das Essen um Punkt 9.00 Uhr bereitstehen. Echtes Kraftfutter. Und schmecken tut es auch!

11. Juli: Mitbewohner und Nachbarn sind umgänglich. Freundinnen habe ich auch schon gefunden. Wir plaudern miteinander und tauschen Neuigkeiten aus. Übers Futter. Wo es sich zu gründeln lohnt.

6. Oktober: Habe ich schon erwähnt, dass mein Leben perfekt ist? Mittlerweile bin ich groß und stark geworden. Sehe ich nicht gut aus? Wenn ich abends zum Schlafen den Kopf zwischen die Flügel stecke, bin ich zufrieden. Ich fühle mich großartig, weil ich weiß, dass morgen früh um Punkt 9.00 Uhr genauso viele Körner im Futtertrog sein werden wie heute.

10. November: Der gestrige Tag war perfekt, der vorgestrige war perfekt. Genau wie alle Tage davor. Morgen wird auch wieder ein perfekter Tag werden. Da bin ich mir nicht nur sicher. Ich weiß es.

11. November: Stromschlag. Kein Futter mehr. Als eine von 300 Martinsgänsen landet Nr. 254 am Haken des Schlachters.

Gerupft und ausgenommen. Vakuumverschweißt. Es ist Martinstag.

Such a perfect day

Pech für das Federvieh. Und wirklich tragisch: Kaum hat sich die Gans ihr Leben gemütlich eingerichtet, wird sie auf brutale Art und Weise aus ihrem Dasein gerissen. Dabei war doch jeder Tag so perfekt. Es hätte noch ein paar Jahre so weitergehen können, wäre da nicht dieser Schlachttag gekommen, mit dem das Federvieh nicht gerechnet hat. Die Gans ist wirklich dumm. Wie konnte sie nur annehmen, dass es immer so entspannt weiterginge? Kein Mensch wäre ähnlich naiv.

Sollte man meinen.

Führungspersönlichkeiten aus Wirtschaft, Gesellschaft und Politik sind auf keinen Fall so naiv wie die Gans.

Natürlich sind sie das nicht! Es ist wirklich nicht die Aufgabe von Managern, Unternehmen zum Scheitern zu bringen. Das wäre ja eine Katastrophe. Es ist auch nicht die Aufgabe von Wahlkampfstrategen, eine sicher geglaubte Mehrheit an die Wand zu fahren. So wenig wie es die Aufgabe von Politikern ist, steuerfinanzierte Projekte zu initiieren und dann mit Verve an die Wand zu fahren. Es ist nicht die Aufgabe des Gesundheitssystems, Menschen krank zu machen. Es ist auch nicht die Aufgabe eines Sternekochs, seine Mannschaft so einzuteilen, dass das Essen zwangsläufig anbrennt.

Nein, Führungskräfte werden für gute Ergebnisse bezahlt. Es ist ihre Aufgabe, gute Entscheidungen zu treffen, die Weichen in die richtige Zukunft zu stellen, sprich: einfach dafür zu sorgen, dass alles gut wird. Nicht mehr und nicht weniger. Dafür hat man sie. Zukunftsfähigkeit – das ist der Wert, den sie erbringen, das Produkt, das sie zu verkaufen haben.

Und der richtige Weg besteht darin, die Dinge sorgfältig zu beurteilen – und dann entsprechend zu handeln. Also die Sachlage unverblümt zu prüfen und dann die passenden Maßnahmen in die Wege zu leiten.

Aber halt, stopp!

Wenn wir schon auf der Suche nach Denkfehlern und den Gründen sind, warum und in welchen Situationen Führungskräfte versagen, dann müssen wir gleich am Anfang hellhörig und aufmerksam sein. Und jeden Schritt behutsam gehen. Also noch einmal zurück zum Ausgangspunkt.

Jedes Handeln vollzieht sich in einem bestimmten Kontext. Entscheidungen in Unternehmen sind keine Offenbarungen einer unbekannten Macht, Strategien werden nicht nur auf Basis der Bewegungen von Goldfischen im Aquarium entworfen. Und Prognosen und Diagramme sind nicht einfach nachgezeichnete Wolkenformationen aus dem Frühstücksfernsehen. Nein, unser Handeln hat mit Willkür und Aberglauben nichts zu tun.

Führungskräfte ziehen im Problemfall sämtliche verfügbaren Informationen heran. Sie fangen also an, Fakten zu sammeln. Und sie einzuordnen. Schließlich wollen sie rational entscheiden, unter Berücksichtigung der Zusammenhänge. Auf Basis der Faktenlage. Das ist ihr Job.

Aber bevor wir gleich zu Beginn in eine Abkürzungsfalle rasseln, sollten wir uns zunächst fragen: Auf welcher Basis bestimmen wir denn eigentlich unser Handeln? Sind es wirklich die puren Fakten – oder geht es uns da schon wie der naiven Martinsgans?

38° 19′ 19″ N, 142° 22′ 8″ O

»Und so ist es mir eine große Ehre, unseren ersten Kernreaktor offiziell in Betrieb zu nehmen.« Mit stolzem Blick nimmt der Präsident des Energieversorgers kurz Augenkontakt mit dem hochkarätigen Auditorium auf, bevor er fortfährt:

»Modernste Technik und das fortschrittliche Handwerk unserer brillantesten Ingenieure vereinen sich zu einem Sieg des Menschen über die Grenzen der Physik, ja über die Gesetze der Natur. Feiern wir diesen Tag, an dem ein neues Kapitel der sauberen, nachhaltigen und zuverlässigen Energieversorgung beginnt. Möge der Reaktor dazu beitragen, Licht und Wohlstand in die Haushalte unserer Nation zu bringen – für jetzt und immer.«

Der Präsident drückt mit feierlicher Geste den großen roten Knopf. Im einsetzenden Blitzlichtgewitter brandet Beifall auf, Hände werden geschüttelt. Kurz darauf ist das Buffet eröffnet.

Eine glühende Eröffnungsrede, damals.

Heute glühen die Brennstäbe.

Ohne Kühlwasser.

Wir sind in Fukushima.

Der Bau eines Atomreaktors ist kein Kinderspiel. Unzählige Ingenieure sind dazu an Bord. Und es dauert – beim AKW im unterfränkischen Grafenrheinfeld beispielsweise belief sich die Bauzeit auf sieben Jahre. Einfach mal eben einen Atommeiler in die Landschaft stellen, ohne fundierte Datenbasis und ohne gesicherte Forschungsergebnisse: Das ist unmöglich. Erst recht lässt sich so ein Mammutprojekt nicht ohne fundierte Kenntnisse und klare Richtlinien stemmen. Aber wie belastbar sind die Ergebnisse aus dieser Vorstellung bzw. Denkweise wirklich?

Daten und Fakten zu prüfen, Zusammenhänge zu analysieren, daraus gesammelte Erkenntnisse abzuleiten ist ein völlig plausibles Vorgehen, – danach zu handeln ist normal. Es ist der gängige Weg. Uns bleibt ja auch nichts anderes übrig. Wie sollen wir denn sonst in der Welt zurechtkommen, wenn wir nicht versuchen, Zusammenhänge zu erkennen und Handlungsmöglichkeiten in diese einzuordnen? Das hört sich vernünftig an. Aber ich muss Sie warnen! Die Lage ist trügerisch. Denn während Fakten analysiert, Zusammenhänge hergestellt werden, passiert in Wirklichkeit etwas ganz anderes.

Das geplante Kraftwerk in Fukushima galt als sicher. So die klare Analyse und Voraussetzung, dass mit dem Bau überhaupt erst begonnen werden konnte. Es war mit sechs Reaktorblöcken und 4,5 Gigawatt elektrischer Nettoleistung eines der leistungsstärksten Kernkraftwerke Japans. Die Siedewasserreaktoren waren von einer Betonkonstruktion umhüllt, die zugleich den jeweiligen Sicherheitsbehälter schützte. Unmittelbar am Meer gelegen, stünde immer ausreichend Kühlwasser zur Verfügung. Damit die Versorgung mit Kühlwasser aber auch wirklich gewährleistet wäre, trug man das 35 Meter hohe Plateau, auf dem die Reaktoren stehen sollten, um 25 Meter ab, um den Betrieb der Meerwasserpumpen für die Reaktorblöcke auch zu 100 Prozent sicherzustellen. Außerdem konnte nun während der Bauarbeiten der 500 Tonnen schwere Druckbehälter leichter per Schiff angeliefert werden.

Nun ist Japan von jeher erdbebengefährdet, und natürlich spielte dieser Aspekt bei der Planung und Konstruktion des AKW eine Rolle. Nach Überzeugung und laut den Berechnungen des Ingenieurteams war Fukushima hinsichtlich jeglicher Form von seismischer Bewegung sicher. Kein Erdbeben und kein Tsunami würde der Anlage gefährlich werden können

Die Rechnung ging auf. Bis zum 11. März 2011.

Keine Frage, das Sicherheitskonzept der japanischen Ingenieure ist nicht gescheitert, weil es zu wenig Fakten und Messergebnisse gegeben hätte. Vielmehr muss auf dem Weg, den die Daten bis zur Baugenehmigung zurücklegten, irgendetwas passiert sein. Und hier wird es für uns spannend.

Sobald man anfängt, Daten zu sammeln und zu sichten, beginnt man automatisch, diese einzuordnen und zu sortieren, das heißt, zu werten und nach »relevant« oder »irrelevant« zu gewichten. Aus der vorher gleichwertigen Masse der Fakten wählt man aus. Und hinter diesem Ausschnitt verschwindet die objektiv messbare »Realität«. Man beginnt unbewusst, sich ein Modell der Realität zu konstruieren. Ein Modell, auf dessen Basis man dann handelt. Gespeist wird dieses Modell aus den verfügbaren und als problemrelevant erachteten Fakten.

In Fukushima haben sich die Ingenieure bei der Konstruktion des Kraftwerks für ein Modell entschieden, bei dem sämtliche bisherigen Erdbeben berücksichtigt und in die Berechnungen einbezogen wurden. Und tatsächlich erschien das auf dieser Grundlage gegebene Sicherheitsversprechen auch als belastbar. Wenn man sich aber bewusst macht, dass das geschaffene Modell zur Beurteilung der Sicherheit allein auf dem Ausschnitt der bis dato gemessenen Erdbeben beruhte, hat vielleicht der Sicherheitsbeauftragte kein Problem damit. Aber wir alle.

Das Beben von 2011 war eben stärker als alle früheren. Die Folgen waren verheerend. Die Möglichkeit, dass es irgendwann einmal ein stärkeres Erdbeben geben könnte, war von den Ingenieuren bei ihrer Planung schlicht nicht berücksichtigt worden. Dieses Faktum gab es noch nicht, also hat es für sie auch nicht existiert. Und wurde folglich nicht in das Modell aufgenommen.

Das bedeutet, die Art und Weise, wie politische Entscheidungen getroffen werden, wie Unternehmensstrategien gestaltet werden oder nach welchen Kriterien der Bau neuer Autobahnen beschlossen wird, hat mit den tatsächlichen Daten und Fakten in Reinform nur begrenzt zu tun.

Wir entscheiden immer auf Basis von Modellen. Ob wir wollen oder nicht. Selten läuft dieser Prozess bewusst ab. Das ist den Modellen auch egal. Tatsache ist, dass sie existieren. Sie werden zwangsläufig erschaffen. Und zwar ständig.

Meteorologische Vorhersagen mit Wetterfröschen sind da noch sehr offensichtliche Modelle. Sitzt der Frosch oben auf der Leiter, gibt es gutes Wetter. Hockt er auf den unteren Sprossen, ist eher ein Regenschirm angeraten. Ein feines Modell. Und ein klar ersichtliches ebenso.

Nicht ganz so klar auf der Hand liegen die Dinge beispielsweise in der diagnostischen Medizin: Wenn der Blutzuckerspiegel dauerhaft erhöht ist, droht Diabetes. Unterzuckerung kann zum Schock führen, muss aber nicht. Der Arzt entscheidet auf Basis eines gelernten Modells und der Faktenlage, die er vorfindet, also der Symptome. Er handelt also auf Basis eines Abbilds der Wirklichkeit. Genauso funktioniert das auch in der Wirtschaft: Eine Balanced Scorecard ist auch nur ein Modell, mit dem Ausschnitte von Unternehmen gemessen, dokumentiert und gesteuert werden.

Mit den Plänen für das Kraftwerk in Fukushima war das nicht anders. Allerdings mit fatalen Folgen. Das Modell, anhand dessen die Reaktoren geplant, bewilligt und gebaut wurden, erwies sich ein paar Jahrzehnte später als unzureichend. Und zwar in dramatischem Ausmaß. Man könnte auch einfach sagen: als falsch.

Jetzt stellt sich die Frage, ob diese Vorgehensweise per se verwerflich ist. Droht hinterher immer die Katastrophe, weil beim Bau einer Fabrik oder eines Kraftwerks ein Entscheidungsmodell statt der »wirklichen Wirklichkeit« herangezogen wurde? Oder gibt es vielleicht auch Situationen, in denen es Vorteile mit sich bringt, die Realität auf ein Modell zu reduzieren?

Windkanal-Junkies

Der Maßstab eines Flugzeugmodells für den Test im Windkanal kann 1:10, 1:20 oder sogar noch kleiner sein. Das Modell muss nicht einmal aus demselben Material bestehen wie das echte Flugzeug. Eine vergleichbar reibungsarme Oberfläche reicht völlig aus. Darunter kann sich Aluminium, Holz oder sogar gebrannter Ton verbergen. Um Messgrößen wie Strömungswiderstand, Aerodynamik und Geräuschentwicklung zu ermitteln, ist das Kernmaterial nahezu irrelevant. Die vorhandenen Informationen, also die maßstabsgetreue Ausführung und die entsprechend beschichtete Oberfläche, sind für aussagekräftige Tests im Windkanal hinreichend. Und durch die Reduktion auf wenige Faktoren sind dann sogar virtuelle Modelle, die nur im Computer und nicht im Windkanal fliegen, ausreichend.

Modelle wie diese mögen zwar nicht perfekt sein, aber sie ermöglichen der Industrie günstige Tests, um herauszufinden, ob der Flieger auch wirklich fliegt.

Wieso aber sind sich die Ingenieure sicher, dass der große Flieger sich so verhalten wird wie das Modell im Test? Immerhin liegen zwischen dem Modell und beispielsweise einem Airbus A330 gut 100 Tonnen. Doch eine sichere Prognose ist möglich, weil den Ingenieuren Erfahrungswerte und Vergleichsdaten früherer Tests zur Verfügung stehen. Es gibt Situationen, in denen Beurteilungen und Entscheidungen nicht auf einer der Realität 1:1 entsprechenden Ansammlung von Fakten basieren, und sie funktionieren trotzdem, weil sich die Aufgabe kaum verändert. Man kann eben nicht immer auf 1:1-Basis entscheiden. Eine 1:1-Basis wäre, wenn man den Airbus erst fertig bauen und ihn dann in den knapp 2,40 x 2 m großen Windkanal quetschen würde. Einen echten A330 im Windkanal testen ist also schlicht nicht möglich.

Ohne Modelle kein modernes Leben. Auch außerhalb des virtuellen Windkanals, in der realen Welt, wirken Modelle an jeder Straßenecke. Bei politischen Neuerungen ebenso wie bei unternehmerischen Großprojekten. Bei Investitionsentscheidungen im Mittelstand, aber auch bei Subventionsverordnungen der öffentlichen Hand. Immer wird auf Basis von Modellen entschieden. Und das, was in manchen Fällen ein Segen ist, kann sich ganz plötzlich in einen Fluch verwandeln. Erst recht, wenn die Modelle sich unterwegs noch ändern …

Vergeigte Kästen

Hamburger Elbphilharmonie. Ein Prestigeobjekt von hoher gesellschaftlicher und kultureller Bedeutung? Stimmt. Die Stadt wollte es um jeden Preis? Stimmt auch. Kostendeckend? Eher nicht. Aber sollte es denn jemals profitabel sein? Jedem war klar, dass das ein teurer Spaß würde.

Dann aber verlangten plötzlich nicht nur die Kritiker, dass das Projekt wirtschaftlich sein müsse.

Moment mal: Haben all jene, die jetzt die Wirtschaftlichkeit der Elbphilharmonie einfordern, zum Zeitpunkt des Baubeschlusses allen Ernstes geglaubt, dass dieses Projekt jemals wirtschaftlich sein könne?

Mit anderen Worten, das Bewertungsmodell, das dem Bauprojekt Elbphilharmonie zugrunde lag, sah nicht vor, dass das Projekt kostendeckend sein müsse. Die Veränderung der Voraussetzung trat später ein: Ein Projekt, das mittlerweile längst Realität ist und unter völlig anderen Voraussetzungen geplant wurde, weil das Planungsmodell den Faktor Wirtschaftlichkeit seinerzeit nahezu komplett ausblendete, soll nun durch eine vermeintlich rationale Erklärung – die nachträgliche Abwägung seiner Wirtschaftlichkeit – gerechtfertigt werden. Natürlich ist das albern. Aber interessant ...

Eine Elbphilharmonie – zwei Modelle. Was sich hier vollzogen hat, ist keine Veränderung der Realität, sondern ein Wechsel des Modells. Und der Modellwechsel verändert die Sicht auf die Realität. Erst war die Elbphilharmonie toll, jetzt ist sie schlecht. Dabei ist es immer noch dasselbe Gebäude. Doch auf einmal sieht ein und dieselbe Sache ganz anders aus. Wohlgemerkt – an der Realität hat sich gar nichts geändert. Aber an der Art und Weise, wie wir sie sehen.

Wenn man diese Grundeinsicht auf, sagen wir, neonfarbene Laufschuhe überträgt, leuchtet sie unmittelbar ein: Zum Aachen-Marathon passen die Schuhe perfekt. Bei der Verleihung des Aachener Friedenspreises wirken sie deplatziert. Dabei sind es dieselben Schuhe.

Noch nicht ganz überzeugt? Dann werfen wir doch mal einen Blick auf die Königsklasse und die Passion von Controlling-Abteilungen: die Kosten.

Gehen wir ein wenig in die Tiefe und widmen uns der Bestimmung der Stückkosten eines Produkts. Das kann die Steuerplatine einer Waschmaschine sein. Oder ein Kabelbaum für die Elektronik eines Traktors. Oder der Bearbeitungsschritt für die Prüfung einer Berufsunfähigkeitsversicherung.

Zunächst die variablen Kosten, das ist einfach: Material plus Energiekosten plus die Kosten für die Betriebsstoffe. Und natürlich noch die Personalkosten.

Nun wird es spannend: Die fixen Kosten müssen einbezogen werden, also Miete, Werbung, Personalabteilung, technische Instandhaltung, Pressestelle, der Fuhrpark für den Vertrieb. Fangen wir mit der Gebäudemiete an. Dazu müssen wir einen Schlüssel bestimmen, der uns hilft, die Gesamtmietkosten auf das einzelne Teil herunterzurechnen.

Schlüssel A: Wir pfeifen auf einen Schlüssel und schlagen einfach pauschal 0,5 Prozent der Gesamtmietausgaben des Unternehmens auf die variablen Kosten auf. Ganz fair ist das aber nicht, denn immerhin sind die Maschinen für dieses Produkt die großen Platzfresser in der Halle.

Also Schlüssel B: der Flächenanteil der relevanten Maschinen, bezogen auf die Gesamtfläche. Gut, schon etwas besser. Aber das Produkt ist eigentlich nur ein Exot, und die Stückzahlen werden gering sein. Auch unfair.

Also Schlüssel C: der Umsatzanteil des Produktes, bezogen auf den Gesamtumsatz. Ja, das sieht schon anders aus. Aber für Umsatz haben wir unsere Firma nicht gegründet, sondern für Ertrag. Und außerdem müssten auch die Flächenkosten für das große Lager mitkalkuliert werden.

Was deutlich wird: Bei diesen und jeder weiteren Variante verändern sich die Stückkosten. Zum Teil erheblich. Obwohl sich an den tatsächlichen Mietkosten nichts ändert, nur an der Betrachtung.

Am Ende ist es ein und dieselbe Realität. Die Kosten sind gleich. Faktisch. Aber je nachdem für welchen Schlüssel ich mich entscheide, fallen die kalkulierten Kosten unterschiedlich aus. Die Frage ist nur: Wenn die Varianz der Modelle so groß ist und die Ergebnisse, die sie zutage fördern, recht unterschiedlich ausfallen, wie soll man sich dann darauf verlassen können, dass man sein Handeln und seine Strategie tatsächlich am richtigen Modell ausrichtet?

Lieber nicht

Die Wissenschaftstheorie bezeichnet das Modell der Martinsgans als Induktivismus. Hinter dem Begriff steht das lateinische *inducere*, das »herbeiführen« oder »veranlassen« meint. Vereinfacht gesagt, bedeutet Induktion als Erkenntnisprozess, dass die Gans ihre Theorie für richtig hält, solange sich kein Gegenbeweis dafür finden lässt. Von den 100 Tagen waren 100 Tage gut. Also sind alle Tage gut. Und die statistische Sicherheit steigt mit jedem guten Tag. So lautet die generelle Aussage.

Generelle Aussagen zu treffen ist in der Tat kein großes Problem, und man kommt mit ihnen ohne Anstrengung und zugegebenermaßen auch mit einer gewissen Eleganz ans Ziel: Bislang war es so, also wird es grundsätzlich so sein. Herrlich einfach. Einfach herrlich. Wenn das Ganze nicht auch Grenzen hätte.

Denn damit eine induktive Folgerung überhaupt aufgehen kann, darf sich die Zukunft nun mal nicht anders entwickeln als die Vergangenheit. Ich zeige Ihnen an einem Beispiel, was ich meine.

Im Juni 2013 standen weite Teile Brandenburgs, Sachsen-Anhalts und Bayerns unter Wasser. Ganze Stadtteile Magdeburgs waren von der Elbe eingenommen. Eine »Jahrhundertflut« – so die Bewertung der Wissenschaftler, Medien, Landräte und betroffenen Bürger. Jahrhundertflut: Das klingt so, als ob es einmal pro Jahrhundert eine Flut dieses Ausmaßes gäbe und das Thema damit für das 21. Jahrhundert in Dresden, Magdeburg, Pirna & Co erledigt wäre.

Wenn es nicht elf Jahre früher, 2002, schon eine erste »Jahrhundertflut« gegeben hätte. Und wie man auch rechnet: Dazwischen liegen wirklich keine hundert Jahre.

Hier offenbart sich der Denkfehler: So sicher die Schlüsse erscheinen, die auf induktivem Wege entstehen, sie sind alles andere als belastbar. Sie projizieren lediglich alles bislang Dagewesene in die Zukunft. Fukushima und die Annahme der Erdbebenstärke sind die traurigen Paten für diesen Versuch, gut zu planen und mit der Zukunft umzugehen. Man ging einfach davon aus, dass es niemals größere Erdbeben als die bislang gemessenen geben würde.

Auch die Gans reiht sich in die Reihe der Paten ein. 100 gute Tage sind doch der beste Beweis für weitere 100 gute Tage. Ausgedacht hat sich die Martinsgans-Geschichte übrigens der britische Philosoph, Mathematiker und Logiker Bertrand Russell (1872–1970) – ich habe lediglich seinen Truthahn in eine Gans verwandelt. Schmeckt mir besser.

Andererseits besitzt die Schlussfolgerung der Gans in begrenztem Rahmen eine gewisse Gültigkeit. Sie trifft beispielsweise für den zweiten Tag ihres Lebens auf dem Hof zu – oder für einen beliebigen anderen Tag, an dem sie nicht geschlachtet wird. Und genau hier wird es knifflig: Die induktiv gewonnene Annahme zu einer Sache kann durchaus stimmen. Deshalb trauen wir solchen Annahmen auch so gerne. Wenn der Autofahrer mit Tempo 40 durch die Innenstadt fährt, erwischt er eine grüne Welle. Das hat gestern gut funktioniert, also wird es auch morgen und noch in einem Jahr bei gleicher Ampelschaltung funktionieren.

Wrong Turn!

Zwar liefert auch das Modell im Windkanal die benötigten aerodynamischen Daten in ausreichender Menge, aber es passt nur so lange perfekt, wie das äußere System quasi stillhält, sprich: keine Dynamik, keine komplexen Eigenschaften zeigt. Unter Laborbedingungen scheint das Modell die Realität exakt abzubilden.

Aber welche Führungskraft agiert schon unter Laborbedingungen …

Unknown Agenda

Funken fliegen. Metallspäne spulen sich von glänzendem Material ab. Der Meister liebt das Geräusch beim Arbeiten. In der Werkhalle des mittelständischen Maschinenbaubetriebs auf der Schwäbischen Alb steht Metallbauer Eberhard Schmitz am CNC-Bearbeitungszentrum. Er hat eine Schutzbrille auf und überwacht am Steuerpult das Entstehen des Werkstücks, das einmal ein Kolben für einen modernen Dreizylindermotor werden soll. Schmitz justiert noch kurz nach, und weiter dreht sich die Maschine.

Als Eberhard Schmitz im Jahr 1964 seine Lehre in diesem Betrieb begann, bedeutete ein einzelner Motorkolben einen ganzen Tag Arbeit. Heute ist ein solches Bauteil innerhalb von 20 Minuten fertig. Von seinem damaligen Chef lernte Schmitz so manchen Kniff, aber auch ein paar grundsätzliche Dinge, die er selbst heute als erfahrener Handwerksmeister noch beherzigt. Etwa die Tatsache, dass nur Geld reinkommt, wenn Späne fliegen. »Das Ding muss laufen, laufen, laufen. Dann gibt's Geld, Geld, Geld«, hat ihm der Chef eingebläut. Das hat er sich eingeprägt: Wenn die Maschine nicht läuft, bringt sie auch nichts ein!

Dieses Modell liegt Schmitz' gesamter Tätigkeit seit seinen Lehrjahren zugrunde: »Nur wenn die Maschine voll ausgelastet ist, ist sie auch wirtschaftlich.« Dass umgekehrt eine Maschine, die gerade auf- oder umgerüstet wird und daher stillsteht, kein Geld einbringt, leuchtet unmittelbar ein.

Was aber passiert, wenn ein Autokonzern seine ganze Produktion blind nach diesem Modell ausrichtet? Produktion über alles. Am laufenden Band. Ein Auto nach dem anderen. Immer schneller, immer schneller. Deutschlands Straßen voller Corsas. Würde Opel nach dem Modell des Meisters handeln, führte das zum genauen Gegenteil des gewünschten Effekts: nicht viele Autos, viel Gewinn, sondern viele Autos, viel Verlust. In diese Situation hat sich der Autohersteller übrigens tatsächlich gebracht. Von über 938 Euro Verlust pro verkauftem Auto berichtete der *Tagesspiegel* am 20. August 2012 und berief sich dabei auf das Ergebnis einer Studie des Center Automotive Research (CAR). Die Produktion wurde unwirtschaftlich. Zu viele Autos fluteten den Markt, Preise und Erträge brachen ein, am Ende zahlte Opel für jeden verkauften Corsa drauf, anstatt Gewinn zu erwirtschaften.

Das Fatale ist, dass der Meister das verinnerlichte Modell rein vom Bauchgefühl her seit Jahrzehnten für richtig hält.

Dass sich die Wirtschaftlichkeit des Unternehmens allerdings an der Auslastung der Werkbank im Werk XY messen lässt, ist damit noch nicht bewiesen. Eberhard Schmitz unterliegt dem Irrtum, dass er sein Modell generell für korrekt hält. Seine Werkbank als Spiegel des Gesamtunternehmens. Und die Erfahrung scheint ihm ja auch recht zu geben.

Und hier kommen wir zu zwei Knackpunkten. Der erste ist, dass das Modell, das für den einen Bereich – die Werkbank – alles so gut erklären kann, für einen anderen Bereich – eben das gesamte Unternehmen – grundverkehrt sein kann. Dasselbe Modell kann einmal gültig, einmal ungültig sein.

Was heißt das nun für unser Handeln? Auf welcher Grundlage entscheiden wir? Wenn wir auf der Grundlage eines Modells, das wir für richtig halten, entscheiden, heißt das noch lange nicht, dass das Modell in der Wirklichkeit auch richtig ist. Wir wissen also gar nicht, ob unser Modell stimmt oder nicht und wie es sich in der Realität auswirkt. Der Ausschnitt, den wir bewusst oder unbewusst betrachten, ist einfach zu klein. Daher können wir nicht sicher davon ausgehen, dass unser Modell exakt stimmt. Möglicherweise erscheint aus einer anderen Perspektive beim gleichen Zusammenhang ein anderes Modell als ebenso schlüssig und richtig.

Ich muss also zunächst einmal wissen, ob mein Modell für die passende Anwendung überhaupt geeignet ist.

Und schon sind wir beim zweiten Knackpunkt: Das Modell, das unseren Meister seit seiner Zeit als Lehrling prägt, ist ihm gar nicht bewusst. Es geht ihm wie der Gans! Modelle sind längst nicht immer in Folien, Lehrbüchern und Excel-Sheets reflektiert. Die Tatsache, dass wir auf Basis von Modellen agieren und wirtschaftliche sowie gesellschaftliche Prozesse lenken, bedeutet nicht, dass uns auch stets bewusst ist, wie diese Modelle genau aussehen. Sie sind keine hidden Agenda – eher eine unknown Agenda.

Planierte Alpen

Jetzt haben wir also gesehen, dass wir gar nicht auf die Wirklichkeit direkt blicken, sondern dies immer im gedanklichen Korsett unserer Modelle tun. Außerdem hat sich herausgestellt, dass wir gar nicht so recht wissen, wie unsere Modelle beschaffen sind, geschweige denn, ob sie überhaupt belastbar sind. Denn sie bilden ja womöglich nur Vergangenheitswerte ab, dass etwas in bestimmter Weise zutrifft.

Modelle sind immer ambivalent. Ihre Gültigkeit ist nicht nachweisbar. Das liegt daran, dass Modelle die Realität vereinfachen – und ihr eben nicht entsprechen. Zwangsläufig. Aber warum sind uns Modelle so sympathisch, wenn sie nicht der Realität entsprechen? Warum sind wir eigentlich solche Modell-Fanatiker?

Stellen Sie sich vor, Sie hätten die Aufgabe, eine Übersichtskarte von Europa zu zeichnen. Das würden Sie ja auch nicht im Maßstab 1 : 1 tun, inklusive aller Ameisenhügel und jedes einzelnen Hundehaufens und unter Verwendung aller schätzungsweise 20 Millionen Farben, die das menschliche Auge unterscheiden kann. Vielmehr würden Sie diverse Vereinfachungen vornehmen. Das finge bei der Größe an – ein DIN-A4-Blatt würde ja reichen –, setzte sich über die Beschränkung auf einen Bleistift oder Kugelschreiber fort und endete nicht bei der Projektion des Geländes auf eine zweidimensionale Fläche. Niemand würde Ihnen in einem Aufgabenkontext wie dem Zeichnen einer Landkarte die Planierung der Alpen übelnehmen. Das Matterhorn exakt und in Originalgröße zu reproduzieren brächte schließlich keinerlei Erkenntnisgewinn. Und wäre obendrein ziemlich mühsam.

Modelle sind zwangsläufig stark reduzierte Abbilder der Realität. Sie dienen dazu, die reale Welt auf überschaubare Maßstäbe herunterzubrechen. Sie sollen vereinfachen. Außerdem: lieber ein Modell als gar nichts in der Hand. Oder betreten Sie als Tourist eine völlig fremde Stadt ohne Stadtplan?

Heidelberg ist schuld

Philosophenweg, Schloss und Universitätsmuseum – nehmen wir einmal an, das stünde auf der Agenda eines Touristen. Nennen wir ihn Niels Meier. Herr Meier aus Oldenburg ist also bei Verwandten in Heidelberg zu Besuch. Es ist ein heißer Augusttag. Die Sightseeing-Tour wird ganz schön anstrengend. Erst Mal ein kühles Bier!

Seine Enkelin setzt ihn gleich am Marktplatz ab. Soll er sich an einen der hoffnungslos überfüllten Cafétische mit Sonnenschirm setzen? Oder sich lieber etwas Ruhiges suchen, vielleicht am Fluss? Binnen Kurzem weiß er im Gassengewirr der Altstadt nicht mehr, wo er ist. Doch halt, stopp. Das könnte die Lösung sein: Er zieht einen Stadtplan aus seiner Handtasche, den er kurz vor der Abreise zu Hause noch schnell aus einer Schublade gefischt hat.

»Marktplatz, Fischmarkt, der ist ja hier ganz woanders auf der Karte. Mönchgasse, Hauptstraße. Auf der Karte gibt's nur Jungfernstieg, Ballindamm und Kennedybrücke.«

Hilfesuchend blickt Herr Meier sich um und spricht dann einen Passanten an: »Entschuldigung, sind Sie von hier? Können Sie mir sagen, wo wir hier auf der Karte sind?«

»Zeigen Sie mal her.«

Der Mann lacht: »Schön blöd. Das ist doch Hamburg und nicht Heidelberg! Da können Sie lange suchen! Hamburg, ha!«

Das Dumme an Modellen ist: Irgendein Modell zu haben reicht nicht. Wenn die Voraussetzungen für die Gültigkeit des Modells nicht gegeben sind, dann ist das Modell nämlich nutzlos. Es passt nicht zur Realität. Wenn Sie es trotzdem benutzen, leitet es Sie in die Irre. Im besten Fall ist es nur wirkungslos. Viel öfter jedoch ist seine Anwendung gefährlich.

Natürlich kommt es ein wenig darauf an, was Sie mit Ihrem Modell bezwecken. Einem Landvermesser oder Geografen nutzt eine handelsübliche Karte gar nichts. Für den gerade angereisten Touristen dagegen ist sie ein funktionierendes Hilfsmittel. Kultur und Flair der Altstadt Heidelbergs zu erleben – das ist zur Not auch mit einem veralteten Reiseführer möglich. Ein Fahrradkurier, der im Straßengewirr eine bestimmte Adresse ansteuert, wäre hingegen mit einem aktuellen Navigationsgerät weitaus besser beraten.

Stadtplan und Navi sind jeweils so, wie sie sind. Die Fehlerquelle ist der Zweck des Modells, die Perspektive des Nutzers, die eigene, niemals vollständige Einschätzung der Realität. Spielt sie Ihnen zu viele Streiche, beziehen Sie sich mit ziemlicher Sicherheit auf ein unzulängliches Modell.

Der Schluss liegt nahe, dass ein schlechtes Modell zu falschen Entscheidungen und ein gutes Modell zu richtigen Entscheidungen führt.

Schön wär's!

Nicht das Modell ist schuld, sondern die Realität. Nicht der Stadtplan von Hamburg ist das Problem, sondern die Realität. Sie haben das richtige Modell zur falschen Realität in der Hand. Heidelberg ist schuld, wenn Sie so wollen. Oder frei nach Pippi Langstrumpf: »Ich mach mir meine Welt, widdewidde wie sie mir gefällt.«

Wrong Turn!

Der Stadtplan von Hamburg ist gut. Und die Realität können weder Sie noch ich verändern. Nicht das Modell ist schlecht, und auch nicht die Realität, sondern die Verbindung von Modell und

Realität. Anders ausgedrückt: Es gibt überhaupt keine richtigen und falschen Modelle. Modelle beruhen immer auf einer Vereinfachung. Damit entsprechen sie zwangsläufig nicht mehr der Realität. Ein Modell kann die Realität niemals im Maßstab 1:1 abbilden.

Ich kann mir vorstellen, dass Sie an dieser Stelle entnervt den Kopf schütteln. In Gedanken werden Sie zu Recht einwenden, dass ein Modell doch im Grunde alternativlos ist. Wenn Sie schon nicht auf Basis der Realität entscheiden können, weil Sie zwangsläufig zu viele Fakten ausblenden, dann bleibt doch nur ein Modell, das die Realität mehr oder weniger gelungen repräsentiert!

Das Problem ist nur: Weder Sie noch ich können in jeder Situation zweifelsfrei einschätzen, ob unser Modell auf die jeweilige Realität passt. Vor 50, 60 oder 100 Jahren war das einfacher. Die Wirtschaft war langsamer, die Gesellschaft weniger vernetzt, die Politik kaum global orientiert. Es gab weniger Überraschungen.

Doch wenn heute der Monsun in Thailand das Werk eines Transistoren-Herstellers überflutet, wartet der Lieferant in China vergeblich auf seine Paletten. Und ohne diese Paletten stehen in Deutschland die Fließbänder der Automobilindustrie still. Das heißt, der Einsatz von Modellen scheitert – und zwar immer häufiger. Im Windkanal mag ein Modell nützliche Daten liefern. Systeme von modernen Unternehmen dagegen sind immer seltener anhand reduzierter Maßstäbe zu verstehen.

Das führt zu der Frage: Wie finde ich überhaupt heraus, ob mein Modell auf die Realität passt? Woher nehme ich die Gewissheit, dass ich bei einer bestimmten Entscheidung auf das »richtige« Modell zurückgreife oder auf ein »falsches«?

Seien Sie froh, wenn es nicht klappt

Die schlechte Nachricht ist: Sie können erst in dem Moment wissen, ob Ihr Modell zutrifft oder nicht, wenn Sie es anwenden. Dabei gilt das Prinzip »Learning by dying.« Nur durch das Scheitern, durch den Misserfolg, lernen Sie dazu. Die Anwendung ist die Probe aufs Exempel für das Modell.

Das Überprüfen ist natürlich einfacher, wenn Sie Vergleichs- und Bezugspunkte haben, auf Erfahrungswerte zurückgreifen können. Wie im Windkanal. Wenn Sie einen Stadtplan von Heidelberg kaufen wollen, werden Sie in der Buchhandlung im entsprechenden Regal nicht unter dem Buchstaben U suchen. Die Auswahl des richtigen Modells setzt also bereits eine abstrakte Sichtweise der Dinge voraus. Ich brauche sozusagen ein übergeordnetes Modell. Was die Sache erheblich erschwert, denn in der komplexen Welt moderner Unternehmen sind die Verhältnisse nicht so einfach wie das lateinische Alphabet. Je weniger Sie von der Realität wissen, umso schwieriger ist es festzustellen, ob das Modell zutrifft oder nicht.

Nun möchten Sie aber die gute Nachricht hören. Sie lautet: »Richtige« Modelle gibt es gar nicht.

Ein Modell ist ein vereinfachtes, reduziertes Abbild der Realität. Unter nicht-komplexen Umständen macht das nichts. Obwohl ein echtes Auto oder Flugzeug nicht aus Holz oder Ton besteht, ist das eigentlich »falsche« Modell im Windkanal durchaus brauchbar. Dem Ingenieur liefert es für die echte Situation genügend gültige Messwerte und damit wertvolle Erkenntnisse. Dort, wo die Umwelt quasi stillhält und keine Überraschungen zu erwarten sind, klappt das also hervorragend.

Modelle sind also niemals »richtig«, sondern höchstens nützlich und ausreichend für einen gewissen Erkenntnisgewinn. Mit dem Ergebnis können Sie vielleicht leben – aber immer häufiger leider auch nicht. Denn sicher ist nur eines, nämlich dass Modelle nicht sicher sind.

Wenn Sie sich auf Modelle verlassen, dann darf Ihre Frage also nicht lauten, ob ein Modell richtig oder falsch ist, sondern nur: Wie teuer ist der Fehler, der entsteht, wenn sich die Welt nicht an das Modell hält?

Weil Modelle zwangsläufig reduziert sind, geben sie nicht die Realität wieder. Ob sie weitgehend der Realität entsprechen und funktionieren, weiß man hingegen in den meisten Fällen erst, wenn sie getestet wurden. Und vielleicht eine böse Überraschung eintritt. Das ist eben das Fiese an Modellen. Sie tarnen sich richtig gut.

Sie dürfen nun ruhig ernüchtert sein, wenn Sie mit Wehmut an die Berichte, Statistiken, Diagramme und Berechnungsparameter denken, die scheinbar so viel Klarheit und Sicherheit geben. Der Blick auf die Zahlen, Querverweise und Analysen fällt immer durch die Brille eines Modells. Gewollt oder ungewollt. Ob mit der richtigen Stärke oder mit Glasbaustein-Gläsern.

Und innerhalb dieser Welt treffen Führungskräfte Entscheidungen. Und dieser Welt müssen sie sich stellen. Ohne Ausnahme.

Doch! Es gibt eine Ausnahme. Und die bringt der Kabarettist Frank-Markus Barwasser alias Erwin Pelzig so auf den Punkt: »Eine klare Meinung zu haben ist im ahnungslosen Zustand sehr viel leichter.«

Bevor wir aber diese Abkürzung nehmen, bleiben wir lieber erst noch etwas auf dem Weg …

2. Glaubensdruck

Im Konferenzsaal ist es mucksmäuschenstill, obwohl die Reihen voll besetzt sind. Zum wichtigsten Ärztekongress des Jahres ist die Weltelite aus Wissenschaft und Forschung angereist.

»Zusammenfassend, komme ich zur einzig möglichen Ursache dieses schrecklichen Leidens…« Der Professor, eine Koryphäe auf dem Gebiet der medizinischen Forschung, blättert in seinen Unterlagen. Die Zuhörer hängen förmlich an seinen Lippen, zumal der Vortrag auf die eine bahnbrechende These hinausläuft, die für die Seuchenbekämpfung vielleicht den entscheidenden Durchbruch bedeutet.

Der Professor rückt seine Brille zurecht.

»Dämpfe und Faulgase sind für die Krankheit ausschlaggebend. Meine Forschungen belegen ohne jeden Zweifel: Malaria wird einzig und allein durch schlechte Luft verursacht!«

Die Wissenschaft hat festgestellt…

Keine Sorge – ich will Sie nicht aufs Glatteis führen. Der erfundene medizinische Kongress spielt im Jahr 1873. Damals dachten Ärzte tatsächlich, Malaria werde durch schlechte Luft – Lateinisch mala aria – hervorgerufen. Heute, zu Beginn des 21. Jahrhunderts, sieht das Erklärungsmodell der Forschung etwas anders aus. Die Mediziner führen die Krankheit auf einen Einzeller zurück und kennen dessen Entwicklungszyklus und Übertragungswege (zumindest glauben sie das aktuell).

Das Wissen um die Ursachen der Malaria ist nur ein verschwindend geringer Ausschnitt aus dem gigantischen Wissen, das die Menschheit in ihrer bisherigen Geschichte angesammelt hat.

Heute herrscht eine regelrechte Jagd nach Wissen. Wer etwas zu entscheiden hat, sammelt Daten. Massenweise. »Gib mir alles, was du hast.« Viel hilft viel – was Informationen angeht. Schließlich dürfen Meinungen und Entscheidungen ja nicht auf Unwissenheit basieren!

Google und Facebook sind Konzerne, deren Geschäftsmodell einzig und allein auf Information und Wissen beruht. Minutiös protokollieren sie das Verhalten ihrer Nutzer, werten es aus und machen damit Kasse. Big Player dieser Art generieren Milliardenumsätze. Sie sind aber nur die Spitze des Eisbergs. Firmen wie Thomson Reuters oder Bloomberg liefern jede Art von Börsenstatistik, verkaufen Daten zu Zuckerrohr-Ausfuhrmengen aus Sri Lanka und haben die Entwicklung nahezu jedes wirtschaftlichen Parameters auf der Angebotsliste, zum Beispiel die Mengen an Schweinefleisch zwischen 1975 und 1985 aus Ostwestfalen. Und solche Daten sind bares Geld wert.

Big Data heißt das Zauberwort. Big Data, das sind Datenmengen, die nicht nur die Grenzen des Vorstellbaren sprengen, sondern fast auch die Grenzen herkömmlicher Archivierungsmethoden. Gesammelte Börsenkurse füllen ganze Festplattenschränke. Jeden Tag werden 2,5 Trillionen Byte an Daten erstellt, wie das Unternehmen IBM im September 2013 auf seiner Homepage mitteilte. 90 Prozent der heute weltweit vorhandenen Daten seien erst in den vergangenen beiden Jahren generiert worden. Sie stammten aus den unterschiedlichsten Quellen: aus Beiträgen auf den Websites sozialer Medien, aus digitalen Bildern und Videos, aus Datensätzen zu Kauftransaktionen und aus GPS-Signalen von Mobiltelefonen. »Big Data entsteht aus Messdaten. Was ich besser messen kann, kann ich besser managen. Je mehr Messdaten ich intelligent finde, zusammenführe und auswerte, desto höher die Wahrscheinlichkeit, dass ich daraus einen Nutzen ziehen kann«, berichtet die

Website »Business Intelligence News«, deren Blog von Software und Methoden zur Entscheidungsunterstützung handelt. Big Data erlaube es, nicht nur das Ergebnis eines Handelns, beispielsweise den Kauf einer Ware, auszuwerten, sondern auch den Weg zum Ziel sowie die Dauer und den Ort der Suche und den Zeitpunkt des Kaufentschlusses. All das könne Big Data, heißt es dort weiter. Aber kann es das wirklich?

Big Data – gefeiert wie die Beatles, die Rolling Stones und Johann Sebastian Bach zusammen. Lassen wir an dieser Stelle Dr. Jan Mrosik, Chef der Siemens-Division Smart Grid, mit einer vollmundigen Presseerklärung zu Wort kommen:

> *»Wir verfügen über das breiteste Portfolio an Smart-Grid-Technologie. (...) Daher wissen wir genau, welche Daten der Schlüssel für einen optimalen Betrieb von Stromnetzen sind. In Kombination mit der Expertise von Teradata bei Lösungen zur Datenanalyse können wir daher unseren Kunden relevante und wertvolle Informationen zur Verfügung stellen, mit denen sie wesentlich schneller und fundierter Entscheidungen treffen können.«*

Big Data gilt nicht nur bei Siemens als der neue Messias, sondern nahezu in der gesamten Wirtschaft. Anscheinend sind Unternehmen ohne Datenstrom nicht mehr handlungsfähig. Ohne einige Petabytes an Statistiken und dokumentierten Zahlen im Rücken will kein Konzern mehr seine Entscheidungen und Strategien bestimmen.

Doch was versprechen sich Unternehmen und Organisationen eigentlich von solchen Datenbergen und dem angehäuften Wissen?

Fall- und Feldstudien sind in der Forschung gang und gäbe. In sie fließen jährlich Millionen an Fördergeldern. Seriöse Wissenschaftler opfern Zeit und Ressourcen für Fragestellungen wie die, ob Fruchtfliegen frustsaufen, wenn sie zu wenig Sex haben. (Die

Antwort lautet übrigens: ja.) Mittlerweile findet sich zu jeder noch so absurden Theorie mit Leichtigkeit eine Studie, die ihren Wahrheitsgehalt belegt. Oder das Gegenteil. Selbst platteste Binsenweisheiten wie die, dass Sporttreibende einen erhöhten Flüssigkeitsbedarf haben, erfreuen sich wissenschaftlicher Bestätigung durch Studien, deren Notwendigkeit sich wohl nur den daran beteiligten Forschern erschließt.

Wissenschaftler versprechen sich von mehr Informationen weitergehende Erkenntnisse über ihr Forschungsobjekt. Analog dazu hoffen Führungskräfte in Politik, Gesellschaft und Unternehmen, dass sie mit mehr Wissen die besseren Entscheidungen treffen.

Hier also liegt der Reiz der Wissensberge und Big-Data-Datenspeicher: Ihnen liegt der Gedanke zugrunde, dass man umso besser handeln kann, je mehr Wissen man zur Verfügung hat. Das kann sich zu einer regelrechten Besessenheit auswachsen, zur Suche nach der Formel, die alles erklärt, auch unvorhergesehene Dinge. Wissen als Weltformel: Mit dem gesamten Wissen des Universums ausgestattet, würde man nie die falsche Wahl treffen, keine Fehler mehr machen, nie mehr danebenliegen. Zukünftige Entwicklungen? Kein Problem, wir wissen ja, was alles möglich ist. Endlich haben wir alles in der Hand.

Deswegen findet US-Präsident Barack Obama auch nichts daran auszusetzen, dass der US-Geheimdienst NSA sogar die eigenen Bürger überwacht. Denn der Präsident hofft wohl, besser handeln zu können, je mehr er weiß. Wüsste man endlich alles, hätte man die ultimative Antwort auf eine der Grundfragen der Menschheit: Was bestimmt eigentlich unser aller Denken und Handeln?

Wir wären endlich am Ziel. Wir hätten jede Situation im Griff – weil wir sie durchleuchten und verstehen können. Wer die Dinge erklären, also eine Diagnose stellen kann, der ist auch in der Lage, Entwicklungen vorherzusagen, Prognosen aufzustellen. Ein ungeheurer Vorteil.

Ein Unternehmen kann damit zwar nicht den Lauf der Dinge und die Entwicklung von Märkten umfassend beeinflussen, sehr wohl aber sein Handeln optimal danach ausrichten. Endlich ist die Welt beherrschbar. Planbar. Das ist also das Elixier, nach dem derjenige verlangt, der Daten erhebt und speichert.

Das Motto der Volkszählung in Deutschland 2011 brachte diesen Wunsch präzise auf den Punkt: »Wissen, was morgen zählt.« Mehr Daten, mehr Sicherheit, mehr Kontrolle. Mehr Planbarkeit. Eigentlich logisch. Könnte man meinen.

Doch die Realität sieht ganz anders aus. Nämlich ziemlich düster.

Zwei Klassen

Kürzlich fiel mir ein Artikel in die Hände, der von einem legendären Experiment an einer italienischen Schule berichtete. Die Schülerinnen und Schüler einer Oberstufenklasse wurden völlig willkürlich – sagen wir, nach den Anfangsbuchstaben der Vornamen ihrer Großmütter – in zwei Gruppen aufgeteilt. Jede der beiden Gruppen bildete eine neue Klasse, nennen wir sie 11a und 11b. Jede Klasse bekam einen neuen Klassenlehrer. Beide Lehrer wurden genau instruiert.

»Ihre Schüler sind wahre Überflieger«, sagte man dem Lehrer der 11a. »Die Bildungselite des Jahrgangs. Freuen Sie sich auf herausragende Leistungen und höchst produktiven Unterricht!«

Der Lehrer der 11b bekam dagegen folgende Information: »Ihre Schüler sind leider weniger begabt. Machen Sie das Beste daraus.«

Zwei Jahre später machte die Jahrgangsstufe Abitur. Ergebnis: Die Schüler der 11a hatten einen glänzenden Notendurchschnitt. Von den Schülern der 11b dagegen war die Hälfte durchgefallen.

Wenn die Lehrer sich in ihrem Handeln von sachlichen Informationen und messbarem Wissen hätten leiten lassen, dann hätten sie ihre Schüler objektiv bewerten müssen. Zwischen der 11a und der 11b hätte es leistungsmäßig keinen wesentlichen Unterschied gegeben. Die durchschnittliche Endnote im Abitur hätte bei Schülern beider Klassen ähnlich ausgesehen.

Die Lehrer der beiden Klassen verarbeiteten – als sie instruiert wurden – jedoch Daten und Wissen, die für ihre Arbeit nicht relevant waren. Sie wurden regelrecht geimpft, oder eher: infiziert, nämlich mit dem Virus einer falschen Vorannahme. Sie ließen Klassenarbeiten schreiben, fragten die Schüler im Unterricht mündlich ab, kannten deren individuelle Stärken und Schwächen. Vergeblich. Objektiv messbare Ergebnisse fielen unter den Tisch. Somit waren es nicht mehr die Leistungen, die zählten.

Dies ist umso überraschender, als die Lehrer, rein fachlich betrachtet, doch sämtliche Informationen über die Schüler aus erster Hand sammeln konnten. Sie korrigierten deren Klassenarbeiten. Sie hatten täglich mehrere Stunden mit den Schülern zu tun. Dennoch stellten sie die Information ihres Schulleiters nicht in Frage. Sie schenkten etwas anderem mehr Glauben als dem eigenen Wissen und den Fakten. Aber warum wirkten sich die Informationen einmal so positiv und ein andermal so negativ aus? Wodurch wurde das Weltbild der Lehrer beeinflusst?

Die Meinung anderer braucht man nicht, um eine Sache oder eine fremde Leistung zu beurteilen. Dennoch gibt es immer wieder Aussagen und Annahmen, die uns unbewusst durch den Kopf schwirren und beeinflussen. Sie sind zwar für die Beurteilung der Sache nicht relevant, dennoch beeinflussen sie uns, ohne dass wir es merken. Andere Daten werden hingegen unbewusst hintangestellt oder gar ausgeblendet. Das Ergebnis: Man kommt im Endeffekt zum selben Urteil wie die anderen. Dieser Vorgang heißt Priming: Bestimmten Daten und Fakten wird Vorrang eingeräumt und alles andere daran ausgerichtet. Das heißt, selbst wenn Daten noch so objektiv sind – sobald sie in Entscheidungsprozesse und konkretes Handeln einfließen, verlieren sie diese Objektivität. Wie gesagt, all dies geschieht im Alltag eher unbewusst. Aber noch haben wir die Frage nicht gänzlich beantwortet, was denn aus Wissen wird, wo es doch für richtiges Handeln als so vielversprechend erscheint.

»Sie müssen doch da sein!«

Biologische Waffen, chemische Waffen, eine Koalition mit dem Terrornetzwerk al-Qaida, außerdem noch ein Atomprogramm – die Liste, welche die US-Regierung von Präsident George W. Bush im Jahr 2002 vorlegte, war lang. Der Irak verfüge über einsatzfähige Massenvernichtungswaffen, die nicht nur die Sicherheit im Nahen Osten, sondern weltweit bedrohten. Die Begründung? Der Irak sei ein Schurkenstaat, mit einem Oberschurken an der Spitze. So die Ansicht der Amerikaner. Für die »Koalition der Willigen« unter Führung der USA und Großbritanniens war die Liste Grund genug, für einen Präventivschlag gegen den Irak zu plädieren. Beweise wurden nicht für nötig erachtet. Weil diese fehlten, lehnten die Vereinten Nationen ein UN-Mandat für einen Kampfeinsatz ab. Was die Koalition nicht daran hinderte, Völkerrecht zu brechen und einen Angriffskrieg zu beginnen. Die Beweise werde man schon finden, wenn man erst mal vor Ort sei. Irgendwo müssten die Waffen ja sein.

Am 20. März 2003 startete die Koalition ihren Feldzug. Im Mai desselben Jahres erklärte ihn George W. Bush für beendet.

Massenvernichtungswaffen? Wurden nie gefunden.

Das ging aus dem Abschlussbericht der 1400 Mitglieder umfassenden Iraq Survey Group hervor, der im Jahr 2004 erschien. Dort wurde auch festgestellt, dass Programme, mit denen die irakische Regierung unter Diktator Saddam Hussein an solche Waffen hätte gelangen können, seit den Neunzigerjahren des 20. Jahrhunderts auf Eis gelegen hätten.

Wer sich etwas in den Kopf gesetzt hat – vielleicht sogar unbewusst –, der entscheidet nicht mehr rational. Sondern findet tausendundein Argument für seine Idee. Vorannahmen und Glaubenssätze überlagern jedes noch so plausibel belegbare Wissen. Die irrationale Überzeugung baut sich eine Schutzburg. Hinter deren Mauern verschanzt sich der felsenfeste Glaube, dass die eigene Annahme bzw. die eigene Einschätzung einer Situation oder Sache richtig sei. Irak besitzt Massenvernichtungswaffen? Wir werden sie schon finden. Nudeln sind gesund? Nach dem Verzehr eines vollen Tellers wird es sich erweisen. Subventionen sind förderlich? Wir sollten sie noch steigern, damit sie noch besser wirken können. Der Glaube an die eigene Position schlägt jedes Argument von außen. Und entfaltet dabei eine enorme Schubkraft. Aber was treibt Menschen dabei eigentlich an?

Stellen Sie sich vor, Sie verfolgen eine Debatte im Deutschen Bundestag, beispielsweise zum Thema »Atomkraft – Zukunftsenergie oder Auslaufmodell?« Jede inhaltliche Position dazu ist im Plenarsaal vertreten und wird dargelegt. Es fallen Begriffe wie nachhaltige Energien, Endlagersuche, Brückentechnologie, höchste Sicherheitsstandards, Zukunftstechnologie und Laufzeitverlängerung. Jede Wette, dass Sie sich am nächsten Tag hauptsächlich an jene Argumente erinnern werden, die Ihre eigene Haltung unterstützen! Die Position der Gegenseite werden Sie höchstwahrscheinlich nur mit großer Mühe argumentativ rekapitulieren können.

Oder denken Sie an Ihre Garage. Nehmen wir an, der Wagen Ihres Nachbarn versperrt mal wieder Ihre Garagenzufahrt.

»Verdammt, jetzt hat der Müller von gegenüber schon wieder meine Garage zugeparkt!«

Wie lange ist das letzte Mal her? Einen Monat? Ein halbes Jahr? Für Sie ist es »schon wieder« passiert – obwohl es erst das zweite Mal ist. Weil Sie nämlich jederzeit damit rechnen, dass Müller sein Auto abermals vor Ihrer Garage parkt. Vielleicht haben Sie nur darauf gewartet, ja sogar ein bisschen darauf gehofft, dass dieser Moment eintritt. Und prompt gibt Ihnen Müller vermeintlich Recht!

Die Psychologie spricht in diesem Fall von einem »Bestätigungsfehler«: Die Informationen, welche die eigenen Annahmen bestätigen, werden gezielt ausgewählt und gewichtet. So lange, bis alles in das eigene vorgefertigte Weltbild passt. Irrtum ausgeschlossen!

Der Fehler liegt also darin, dass Menschen allzu gerne nur jene Faktoren wahrnehmen, die ihre Vorannahmen bestätigen. Alles, was ihnen widerspricht, wird hingegen ausgeblendet. Das heißt, man hat eine These und sucht Dinge und Fakten, die diese These stützen.

Noch einmal zurück zu den Massenvernichtungswaffen. Sie mussten einfach da sein, weil Irak als Schurkenstaat galt. Also sammelte der US-Geheimdienst jedes noch so kleine Detail, das auf solche Waffen hindeutete. Man konstruierte eine Bestätigung des eigenen Weltbildes, indem Daten so lange zurechtbogen wurden, bis sie passten. Nur die Realität passte nicht dazu.

Bestimmten Daten wird mehr Gewicht eingeräumt als anderen, man sucht so lange nach Belegen, bis die eigene These in irgendeiner Form bestätigt ist. Doch mittlerweile ist in puncto Wissen und Datensammeln eine gewisse Ernüchterung eingekehrt, weil deren Heilsversprechen offenbar gar nicht so belastbar ist. Ich selber bin einmal auf ein solches Versprechen hereingefallen.

Excel-Karotten

Wer gute Leistungen bringt, soll auch individuell dafür belohnt werden. Das dachten mein Kompagnon und ich, als wir unsere erste eigene Firma aus der Taufe gehoben hatten. Träge Mitarbeiter hofften wir dadurch zu flinken und flexiblen Kollegen zu machen. Einem Esel muss man schließlich auch die Karotte vor die Nase halten, damit er sich vom Fleck rührt. Aber wie konnten wir unser Vorhaben, die Mitarbeiter leistungsgerecht zu entlohnen, konkret umsetzen? Bei McKinsey & Company gab es damals ein individuelles Bonussystem für Mitarbeiter. Wow, dachten wir ehrfürchtig: ein Bonussystem! Genau das brauchen wir auch. Also installierten wir auch eines in unserer jungen Firma. Wer was auf sich hält, verhält sich wie der Branchenprimus. Wie McKinsey & Company.

Wir wollten es richtig gut machen. Zunächst bestimmten das Unternehmensergebnis und vier individuelle Faktoren die möglichen Boni pro Mitarbeiter: 1. die Anzahl der abgerechneten Beratungstage, 2. die Zufriedenheit unserer Klienten, 3. die individuelle Qualifikation und 4. der jeweilige Vertriebserfolg. Doch bei einer derart überschaubaren »Karottierung« der Mitarbeiter blieb es nicht. Ausgefeilte Excel-Tabellen mussten her. Unfassbar aufwändige mathematische Konstrukte, um alle möglichen Sonderfälle automatisiert berücksichtigen zu können. Apropos berücksichtigen: Irgendwann berücksichtigten wir bei der Einstellung nur noch Leute, die das Bonussystem überhaupt verstanden hatten. Zumindest kursierte das als scherzhafte Idee …

Gebracht hat das Bonussystem das Gegenteil von dem, was wir erreichen wollten. Die Mitarbeiter wurden zu Individualisten, wo wir doch Teamleistung brauchten. Die Aufmerksamkeit richtete sich schleichend und zunehmend auf das Vergütungssystem anstatt auf die Innovationen, die wir für unsere Klienten zustande brachten. Unser administrativer Aufwand stieg von Monat zu Monat. Und schließlich förderte das System noch das Misstrauen gegenüber den Gründern, da es – wie jedes andere Bonussystem auch – unterstellte, dass Mitarbeiter unternehmensfremde Interessen verfolgen und man sie daher zum Handeln wider die eigenen Interessen anreizen müsse. Statt die von uns für gut erachteten Mitarbeiter zu fördern, demotivierten wir sie, und denen, die ihre Fähigkeiten nicht erfolgsfördernd einbringen konnten, vermittelten wir eine noch schlechtere Perspektive. Als Konsequenz schafften wir das Bonussystem im Jahr 2010 ab.

Eines weiß ich mittlerweile: Wenn ein Unternehmen mit individuellen Boni erfolgreich ist, dann hat es diesen Erfolg nicht wegen, sondern trotz der Boni. Dass wir das Bonussystem seinerzeit übernahmen, basierte auf einem grundlegenden Denkfehler: dem Expertenproblem.

Ein Experte ist jemand, dem auf einem bestimmten Gebiet überragende Kompetenz zugesprochen wird. Und zwar von außen. Ein paar Zertifikate, ein, zwei Auftritte im Fernsehen, die zufällig richtige Einschätzung eines Aktienkurses oder einer volkswirtschaftlichen Entwicklung – und schon ist man im Club. Das ist aber noch nicht das Problem, denn es gibt natürlich auch Experten, die fachlich brillant sind und absolut kenntnisreich über Dinge urteilen.

Der Fehler ereignet sich dort, wo die Expertenmeinung schließlich wirklich relevant für das Handeln wird. Nämlich dann, wenn sich ein Unternehmen, eine öffentliche Einrichtung oder selbst ein einfacher Kunde auf einen Expertenrat verlässt: Wie auch immer die Empfehlung des Experten aussieht – sie muss gut sein, denn schließlich stammt sie ja von einem Experten. Der Status einer Person überstrahlt alles, was sie tut und denkt. Wenn jemand als Experte gilt, wird der Inhalt seiner Aussagen zweitrangig. Experten haben immer recht. Der Status einer Person bestimmt ihre Glaubwürdigkeit – nicht die tatsächliche Qualität und Belastbarkeit ihrer Aussagen.

Wie schmerzlich das Expertenproblem sein kann, musste eine Frau aus dem Landkreis Starnberg im Jahr 2012 erfahren: Sie brachte einen geerbten Teppich zu einem Augsburger Auktionator, der den Wert auf 900 Euro schätzte. Als der Teppich dann für 19 700 Euro versteigert wurde, waren Auktionator und Verkäuferin unheimlich froh. Bis dasselbe Stück ein paar Monate später in London bei Christie's für 7,2 Millionen Euro noch einmal den Besitzer wechselte. Glück sieht anders aus. Und ein Expertenrat auch. Der Ausgang des Prozesses mit dem Augsburger Auktionshaus und der ehemaligen Besitzerin des Teppichs ist noch offen. Klar ist jetzt schon: Die Frau hatte sich blind auf die Aussage des

Auktionators verlassen, von dem sie annahm, dass er sich mit Teppichen und deren Marktpreisen auskannte. Wie es sich für einen Experten gehört.

Glaubwürdigkeit kann trügerisch sein. Im Fall von McKinsey & Company waren es die Autorität und der wirtschaftliche Erfolg dieses Unternehmens, die dem Bonussystem genug Gewicht verliehen, um uns blind für die eigentliche Tatsache zu machen, dass individuelle Boni kontraproduktiv sind. Wir dachten: McKinsey & Co sind die Experten, also haben sie recht.

Aus demselben Grund »musste« bei der Weltmeisterschaft 2006 auch Deutschland gegen Italien verlieren. Denn Paul hatte das so prophezeit. Krake Paul war bei dieser WM der Experte für die Vorhersage von Fußballergebnissen. Und tatsächlich hatte das Tier die Gewinner und Verlierer aller Partien bis zu diesem Halbfinale richtig vorausgesagt. Damit Paul seine Prognose abgeben konnte, hatten die Tierpfleger in Oberhausen ihm zwei Becken ins Aquarium gestellt, die jeweils mit der Nationalflagge eines der teilnehmenden Teams geschmückt waren. Das Becken, in das Paul sich dann setzte, war das Siegerbecken. Als Paul sich vor der Partie gegen Italien für das »italienische« Becken entschied, verloren Klinsis Jungs die anschließende Partie prompt – so groß war offenbar ihr Vertrauen in diesen »Experten«. Denn wer wollte Paul schon widersprechen? Der Expertenfehler führte also zum abrupten Ende des Sommermärchens! Dieser Expertenfehler bestärkte dazu noch einen Bestätigungsfehler, der da lautet: gegen Italien verlieren wir immer! Offensichtlich haben Kraken Fußballverstand!

Vereint im Glauben

Steve Jobs, dem 2011 verstorbenen Apple-Gründer, sagte man nach, dass er besonders gut erkennen könne, was der Kunde in Zukunft verlangt. Ex-ABB-Chef Percy Barnevik verstand sich angeblich hervorragend darauf, die Menschen in seinem Umfeld zu motivieren, ihnen neue Ideen zu entlocken und sie zu bahnbrechenden Innovationen anzutreiben. Alles inklusive eines unfehlbaren Riechers für die aktuelle und künftige Marktlage.

Waren dann ein halbes Jahr später die Börsenkurse mal im Keller, dichtete die Presse prompt: »Jobs hat sein Marktgespür verloren.« Oder: »Motivations-Motor Barnevik gerät ins Stottern.« Dabei hatte sich zwischen Höhenflug und Flaute der jeweiligen Aktienkurse keiner der beiden Firmenchefs auf irgendeine öffentlich bekannte, nachprüfbare Art und Weise verändert!

Das griechische Wort *halos* bedeutet Sonnen- oder Mondscheibe. Die deutsche Sprache kennt »Halo« als Bezeichnung für einen Lichtring um diese Himmelskörper. Davon leitet sich ein sozialpsychologisches Phänomen namens Halo-Effekt ab. Es besagt, dass Menschen angesichts bestimmter Eigenschaften einer Person auf weitere, unbekannte Eigenschaften dieser Person schließen. Und sich davon quasi blenden lassen. Das funktioniert bei Menschen übrigens ebenso einfach wie bei Unternehmen, Institutionen oder einfach der Abteilung XY.

Der Halo-Heiligenschein überstrahlt jede Schattenseite. Manchmal sogar ganz wörtlich: Augustinus von Hippo verließ im 4. Jahrhundert n. Chr. Frau und Kinder, um sich theologischen Studien zu widmen. Die verhalfen ihm innerhalb des Christentums zu großem Ruhm – er gilt als einer der größten Kirchenlehrer, wird noch heute an den Universitäten diskutiert und in den Westkirchen als Heiliger verehrt. Vom Rabenvater, der seine Familie im Stich ließ, ist in der Wahrnehmung der Nachwelt nicht viel übrig geblieben.

Der Halo-Effekt greift besonders oft in der Berichterstattung über bekannte Manager oder Firmengründer. Stets ist es der ungeheure Erfolg ihrer Unternehmen, der Presse, Funk und Fernsehen dazu verleitet, auf andere, unbewiesene, nicht messbare, phänomenale Eigenschaften der Führungskräfte zu schließen.

Auch der Halo-Effekt rüttelt an der Verlässlichkeit von Wissen und Daten: Was so robust-objektiv daherkommt, erweist sich bei näherem Hinsehen als trügerisch – Zeit, das ganze Drama um das Wissen von einer höheren Warte aus zu betrachten.

Uninformierte Uniformierte

Wie weit ist es von Würzburg nach Frankfurt? 89 Kilometer.

Die Entfernung von Hannover nach Halle an der Saale: 223 Kilometer.

Die Distanz zwischen Konstanz und Stuttgart: 174 Kilometer.

Das sind Daten. Aber was sagen sie uns? Ohne Kontext wenig bis nichts. Aussagekräftiger wird es schon, wenn ich Ihnen verrate, dass Sie die Strecke nicht mit einem Porsche Panamera, sondern mit einem Laufrad zurücklegen sollen. Die Strecke bleibt die gleiche, bekommt aber eine ganz andere Bedeutung. Denn erst jetzt erhalten die Kilometerangaben eine Relevanz. Sie werden zu einer wichtigen Information.

Damit sind wir beim springenden Punkt: Wenn Führungskräfte ihr Handeln nach Zahlen und Daten ausrichten, gehen sie deren schöner Objektivität auf den Leim. Jede Excel-Tabelle und jedes Diagramm wirken so nüchtern, dass sie einfach stimmen müssen. Aber nackte Zahlen selber bedeuten zunächst einmal gar nichts.

89 Kilometer, 223 oder 174 Kilometer: Erst wenn Daten zu Informationen geworden sind, wenn sie also den Verwandlungsprozess von reinen Zahlen hin zu einer handlungsleitenden Interpretation vollzogen haben, sind sie handlungsrelevant. Und genau hierbei lauern Fallstricke wie Priming, Expertenproblem, Bestätigungsfehler und Halo-Effekt. Es ist, als würde ein unsichtbares Sieb aus dem Daten-Pool jene Daten herausfischen und zu relevanten Informationen machen, die der Einzelne haben möchte. Daten und Fakten werden zurechtgerückt und den unbewussten

Annahmen angepasst. Ob Sie nun einem Experten glauben, Fakten ausblenden, die nicht zur Realität passen, oder nur die Fakten herauspicken, die Ihre Annahmen bestätigen – Tatsache ist, dass alle Modelle und Pläne auf gravierenden Fehlern beruhen und trotzdem alles plausibel klingt.

Jeder ist seines Wissens Schmied.

Das Problem ist also nicht das Wissen an sich, sondern die Art und Weise, wie Führungskräfte damit umgehen. Indem sie blind darauf vertrauen, dass eine Zahl automatisch objektiv ist. Und keinerlei subjektiver Deutung oder Verzerrung unterliegt.

Wissen – das ist nicht mehr als purer Glaube. Eine ernüchternde Erkenntnis. Dabei haben wir noch gar nicht sämtliche Fallen angesprochen, in die wir tappen, wenn wir uns unser eigenes Weltbild zurechtzimmern...

Abzüglich aller Grundannahmen

»Vertrauen führt bei uns!«

So das Leitbild eines Unternehmens, das ich vor einiger Zeit bei einem Veränderungsprozess begleitet habe. Der Satz sprang mich aus Broschüren an. Er prangte auf Flyern ebenso wie auf der Website des Unternehmens. Ich beschloss, der jovialen Behauptung ein bisschen auf den Zahn zu fühlen, und erkundigte mich bei einem der Sachbearbeiter im Einkauf, ob er bei einer Material-Bestellung über zehntausend Euro freie Hand habe.

»Nö«, lautete die Antwort, »das muss vom Einkaufsleiter abgezeichnet werden. Und auch der darf nur bis zu einer Auftragshöhe von fünfzigtausend Euro entscheiden. Alles darüber ist Chefsache.«

Also nahm ich mir den Chef zur Brust. Ich konfrontierte ihn mit den Tatsachen.

»Vertrauen führt doch bei Ihnen? Oder ist es eher so, dass, unter uns gesagt, Misstrauen führt?«

Der Chef schnappte empört nach Luft, dann druckste er herum, schließlich grinste er schief und nickte.

Leitbilder von Unternehmen sind festgeschriebene Sätze. Schwarz auf weiß, unverzichtbar auf jeder Konzern-Homepage. Sprachlich glatt geschliffen, inhaltlich unheimlich zustimmungsfähig. So heißt es im Leitbild der Deutschen Bank:

> *»Wir sind überzeugt, dass wir durch wirtschaftlichen Erfolg und internationale Wettbewerbsfähigkeit nicht nur für unsere Aktionäre, Kunden und Mitarbeiter, sondern auch für die Gesellschaft als Ganzes Mehrwert schaffen. Dabei handeln wir nach hohen ökologischen und gesellschaftlichen Maßstäben – für eine nachhaltige Zukunft.«*

Auf Nachhaltigkeit setzt auch die Lufthansa: »Alle Geschäftsfelder leisten einen signifikanten Beitrag zur nachhaltigen Wertschaffung des Konzerns durch konsequente Fokussierung auf ihr Kerngeschäft.« Oder: »Wirtschaftlicher Erfolg und eine an Nachhaltigkeit und Umweltschutz orientierte Unternehmenspolitik schließen sich nicht aus. Balance halten ist für uns Verpflichtung.«

Ähnlich sieht auch ein Auszug aus dem Leitbild von RWE Dea aus:

> *»Wir geben uns nicht mit dem Erreichten zufrieden und handeln gemäß unserer Verantwortung gegenüber Gesellschaft und Umwelt. Um unsere Geschäftsziele zu erreichen, finden wir innovative und nachhaltige Lösungen.«*

Eine schöne Wirklichkeit. Wirklich?

Die im Betrieb tatsächlich gelebte Kultur muss einem Leitbild nicht entsprechen. In dem eingangs genannten Unternehmen folgte sie genau dem Gegenteil. Anstatt Vertrauen walten zu lassen, bestimmten ungeschriebene Sätze das Handeln und den Alltag, wie zum Beispiel: »Entscheidungen sind Chefsache!«

So etwas druckt man eher nicht in einer Unternehmensbroschüre ab. Hochglanzfähig sind solche Prinzipien wahrhaftig nicht. Kein Unternehmer käme auf die Idee, seine Website mit den Worten »Reden wir nicht drum herum: Misstrauen führt bei uns!« zu dekorieren. Klar – Leitbilder repräsentieren das, was ein Unternehmen darstellen will. Wofür übrigens häufig externe Berater engagiert werden. Die dann die immer gleichen Evergreens aus dem Hut zaubern, in denen typischerweise von Nachhaltigkeit, Service, zuverlässigen Mitarbeitern und vom Fokus auf den Kunden die Rede ist.

Haben all diese Unternehmen denselben Berater?

Dabei ist unstrittig, dass das Diktieren von Werten zu nichts führt. Höchstens zum Gegenteil. Was innerhalb des sozialen Systems »Unternehmen« tatsächlich gelebt wird, kann kein Postulat der Geschäftsführung, und sei es noch so gut gemeint, jemals zielgerichtet verändern. Den alltäglichen Umgang miteinander und das operative Tagesgeschäft bestimmen ganz andere Überzeugungen und »Leitbilder«. Hier ein paar Kostproben:

- Es müssen Späne fliegen.
- Wir sind ein bodenständiges soziales Familienunternehmen, und für die Mitarbeiter wird gesorgt.
- Viele unserer Mitarbeiter wollen keine Verantwortung übernehmen.
- Führungskräfte müssen fachlich mehr wissen als ihre Mitarbeiter und Antworten geben.
- Probleme sind gelöst, wenn der Schuldige ausgemacht ist.
- Das Ziel wird schon erreicht, wenn der Chef es nur laut genug ausruft.
- Bevor wir etwas beginnen, sollten wir es vernünftig planen.
- Arbeit drückt.
- 90 Prozent unserer Verbesserungsprojekte gehen schief und dauern deutlich länger als geplant.
- Arbeit muss keinen Spaß machen.

- Formale Hierarchie ist wichtig.
- Wir bekommen keine guten Mitarbeiter und können nichts dagegen machen – unsere Wettbewerber tun sich da leichter.
- Bisher ist noch alles gut gegangen, und das wird es auch weiterhin.

Wie Sie sehen, müssen diese Glaubenssätze nicht immer negativ formuliert sein. Es gibt auch positive Grundeinstellungen, wie etwa: »Unsere Produkte sind die besten«, »Wir haben es immer geschafft« oder »Wir machen die beste Qualität am Markt«. Sie können aber auch negativ wirken: »Wir werden nie Preisführer« oder »Wir halten jeden Termin, koste es was es wolle«. Während der erste Satz demotiviert, wirkt der zweite auch noch einengend. Kein Unternehmen gibt sich solche Glaubenssätze freiwillig, zumal dann nicht, wenn sie negativ erscheinen. Vielmehr entstehen sie durch eine vorübergehende schlechte Situation des Unternehmens, durch demotivierte Mitarbeiter usw. Das Problem bei Glaubenssätzen: Da sie ein Weltbild vorgeben, wirken sie immer einengend, egal ob positiv oder negativ. Glaubenssätze prägen die Kultur eines Unternehmens auch dann noch, wenn diejenigen, die sie formuliert haben, die Firma längst verlassen haben. Sie werden weitervererbt. Die Unternehmenskultur ist das Gedächtnis einer Firma.

Eigenfoul

Worauf beruht denn nun unser Weltbild und damit unser Denken und Handeln? Auf Wissen und Fakten ja offenbar nicht. Sie spielen nur eine untergeordnete Rolle. Denn der Weg, den Daten durchlaufen müssen, um für uns zu Informationen, sprich: tatsächlich bedeutsame Aussagen, zu werden, ist ziemlich steinig. Was als nüchterne Zahl daherkommt, ist mit unbegründeten Vorannahmen schnell zurechtgebogen. Wir lassen uns von gleißendem Erfolg zu irrigen Schlussfolgerungen verleiten. Irrationale Vermutungen meinen wir durch Beobachtungen bestätigt zu sehen. So lassen wir uns von sperrigen Glaubenssätzen lenken und merken es nicht einmal.

Anscheinend sind wir dazu verdammt, Sklaven unserer eigenen Irrationalität zu sein, die anstatt auf Wissen auf den eigenen Illusionskünsten beruht. Wir glauben, dass wir unser Handeln umso besser bestimmen können, je mehr Daten und Wissen wir zur Verfügung haben.

Wrong Turn!

Tatsächlich dominiert unser Glaube das Wissen. Wir handeln aufgrund von Glaubenssätzen, die wir gar nicht kennen. Und wir glauben auch noch daran, dass Wissen generell zu besserem Handeln führen kann. Deshalb ist die Sicherheit, die angesammeltes Wissen suggeriert, auch so trügerisch: Es mag zwar sein, dass petabyteweise Daten in den Server-Schränken liegen, doch entscheidend ist, was aus dem Rohstoff gemacht wird – und das hat mit Rationalität nur noch wenig zu tun.

So vielversprechend Wissensberge mit Blick auf sicheres und durchdachtes Handeln erscheinen – wir selbst sind es, die der Objektivität jedes Mal einen Strich durch die Rechnung machen. Die Sicherheit ist lediglich eine Pseudo-Sicherheit.

Aber vielleicht ist es ja auch ein Segen, dass unser Handeln ganz anders bestimmt wird, als es uns bewusst ist.

3. Denn sie wissen, was sie tun

»Klinsi – Deutschland wünscht sich, dass er bleibt!«, titelte die *Bild*-Zeitung im Juli 2006, kurz vor Ende der Fußball-Weltmeisterschaft, über den damaligen Bundestrainer Jürgen Klinsmann.

Klinsmanns Leidenschaft steckte einfach an. An den euphorischen Überschriften auf den Titelseiten von *Bild* & Co kam man in jenem Sommer kaum vorbei. Das Herz des Boulevards hatte er erobert. Die Sympathie und der Respekt der ganzen Fußballnation waren auf seiner Seite. Für die deutsche Nationalelf endete das »Sommermärchen« zwar nur mit einem dritten Platz, aber das junge Team hatte sich wacker geschlagen. Das blieb im Gedächtnis. Seine Art, Fußball zu spielen, faszinierte. Und die war Klinsmann zu verdanken. Er wurde gefeiert als der Trainer aller Trainer. Umso größer war die Enttäuschung, als er ging.

Zwei Jahre später platzte die Bombe: Klinsmann hatte beim FC Bayern München unterschrieben! Seine Ambitionen waren hoch, die Erwartungen ebenfalls. Kein Wunder, brachte Klinsmann doch ein ganz neues Trainingskonzept mit, das er während seiner Zeit in der Nationalmannschaft eindrucksvoll etabliert hatte: Er legte sehr viel Wert auf die Psyche der Spieler und engagierte zu diesem Zweck Mentaltrainer. Er steigerte die Fitness der Spieler und überlegte sich genau, welche Spieler er in seiner Mannschaft haben wollte. Inspiriert von seiner Wahlheimat USA, führte der gebürtige Schwabe völlig neue Trainingsmethoden ein, inklusive Buddha-Statuen, die im Trainingszentrum an der Säbener Straße aufgestellt wurden.

Doch leider stellte sich der von Verein und Fans erwartete Erfolg nicht ein. Der vernichtenden 1:5-Niederlage in der Bundesliga gegen den VfL Wolfsburg folgte am 8. April 2009 das 0 : 4-Desaster gegen den FC Barcelona im Champions League-Viertelfinale.

Im weiteren Saisonverlauf riss die Pechsträhne für die »Klinsi«-Bayern nicht ab, und im Frühjahr 2009 wurde Jürgen Klinsmann als Trainer des FC Bayern vorzeitig entlassen. Die Buddha-Statuen verschwanden so schnell von der Trainingsanlage, wie sie aufgestellt worden waren.

Best practice-Junkies

Best practice ist in ein echter Dauerbrenner: die Wunderwaffe der modernen Management-Literatur. Der Begriff steht für praktische Verfahren und Methoden, die sich in einem Unternehmen bewährt haben. Bestimmte Methoden etablieren sich als umsatzsteigernd oder kostensparend und damit als Garant für unternehmerischen Erfolg. Darüber hinaus haben sie Vorbildfunktion. Sie veredeln sozusagen den Betrieb, der sich mit dem Prädikat *best practice* schmücken darf. Andere Unternehmen schauen sich die Methoden und Ideen des Vorzeige-Unternehmens ab – in der Hoffnung, damit ebenso erfolgreich zu sein.

Inzwischen hat sich ein regelrechter *best practice*-Zirkus etabliert. Mit *best practice*-Reisen nach Japan, wo es die Produktionsstätten von Muster-Unternehmen zu bestaunen gilt. Unternehmen können sich zahlreichen Benchmark-Angeboten stellen, um zu ergründen, ob man womöglich schon längst selber zur *best practice*-Elite gehört, ohne es mitbekommen zu haben. Bücher mit Titeln wie *Management – von den Besten lernen, Oben bleiben. Immer, Auf der Suche nach Spitzenleistungen. Was man von den bestgeführten US-Unternehmen lernen kann* oder *Spitzenleistung leicht gemacht* beschreiben schwelgerisch, wie man es schafft, so zu sein wie Apple oder andere Konzerne von Weltrang.

Die Nachfrage nach Erfolgsmodellen spiegelt sich nicht nur in den Bücherstapeln und Bestsellerlisten wider. Hinter Auszeichnungen wie »Fabrik des Jahres« u. Ä., die von Wirtschaftsverbänden, Fachzeitschriften und Unternehmensberatern vergeben werden, verbirgt sich nichts anderes als die *best practice*-Verehrung: Wenn ein Produktionsstandort prämiert wurde, können sich andere Unternehmen dort bestimmt etwas abschauen.

Best practice, das sind Muster und Prinzipien, die den großen Erfolg moderner Weltkonzerne zu erklären scheinen. Sie erklären auch den Erfolg einer innovativen grünen IT-Firma oder des aufstrebenden Handwerksbetriebs von nebenan. Außenstehenden nötigt das *best practice*-Etikett Bewunderung ab – es ist die halbe Miete beim Sprung an die Spitze! Das Etikett ist heißbegehrt. Es hat eine respektable Außenwirkung, die signalisiert, dass ein Unternehmen den Bogen raus hat, von A bis Z alles richtig macht und sich dauerhaft behaupten kann.

Gilt das auch für Jürgen Klinsmann?

Für den hätte doch beim FC Bayern eigentlich alles laufen müssen wie geschmiert. Schließlich war der Mann als ehemaliger Bundestrainer kompetent! Klinsmann etablierte als einer ersten Fußballtrainer in Deutschland überhaupt Mentaltraining, setzte im Training bewusst auf Muskelaufbau und Fitness und begann damit, die erzielten Fortschritte sportwissenschaftlich zu dokumentieren.

Aber warum führten diese Erfolgsrezepte beim FC Bayern München nicht zum gewünschten Erfolg? Alles erschien doch als so vielversprechend: Ein Mann konnte mit seinem Selbstverständnis als Trainer und seinem Ansatz in der Nationalmannschaft nicht nur Teamgeist entfachen, sondern sie auch noch zum dritten Platz bei der WM führen. Alle Welt traute den Klinsmann-Methoden danach zu, aus jedem noch so unsportlichen Haufen eine Erstliga-Mannschaft zu machen

Best practice pur.

Man sieht ein funktionierendes Modell, möchte es nachahmen und dann genauso erfolgreich sein.

Das Reizvolle an den *best practice*-Modellen: Was diesem einen Unternehmen, dieser einen Schule, dieser einen Behörde, diesem einen Wahlkampf, dieser einen Fertigungsstraße so großen Erfolg beschert hat, muss doch an anderer Stelle genauso wirken. Man meint, genau zu wissen, welches der für den Erfolg entscheidende Faktor ist.

Aber das ist nicht der einzige Grund, warum *best practice*-Modelle gerne kopiert werden. Dahinter steckt auch der Wunsch, gut zu entscheiden und gut zu handeln.

Dabei ist von *best practice* rein gar nichts zu halten. Im Gegenteil: *best practice* ist fauler Zauber. Ich werde Ihnen erklären, warum. Und so das Urteil »Das war eine richtige Entscheidung« ins rechte Licht rücken. Denn genau die wollen wir doch alle treffen ... und eine bewährte Strategie beim nächsten Mal wieder bewusst einsetzen. Aber woher wissen wir, ob wir gut oder schlecht entscheiden? Wissen wir es überhaupt? Oder anders gefragt: Woher nehmen wir eigentlich die Sicherheit, dass wir bei unternehmerischen Entscheidungen, politischen Interventionen und strategischen Grundausrichtungen die Zügel in der Hand halten? Ich bezweifle nämlich, dass es tatsächlich unsere eigenen Entscheidungen sind, die zu den Ergebnissen führen, die wir erzielen.

Hehler-Ware

»Verheiratete Männer leben länger!«

Das wussten Sie bereits? Kein Wunder – die These ging 2002 als bahnbrechende wissenschaftliche Erkenntnis durch die Presse. Sie war Wasser auf die Mühlen derer, die die Ehe für eine sinnvolle soziale Einrichtung halten. Sie sahen sich bestätigt. Und wenn die Ehe gesundheitsfördernd ist, müssten eigentlich die Krankenkassen die Trauringe bezahlen.

»Männer mit Glatze verdienen mehr als welche mit Haaren auf dem Kopf!«

Noch so eine These, die Sie sich merken sollten.

»Vegetarier leben gesünder!«

Klingt umweltbewusst und fortschrittlich. Da widerspricht man nur ungern.

Für Zeitungen und Nachrichtenportale sind erstaunliche Theorien ein Glücksfall. Auf den ersten Blick kommen sie entweder ungeheuer plausibel daher – oder sie bringen die Leser zum Schmunzeln. Oft auch zum Nicken.

Es wäre ein Leichtes, solche »Forschungsergebnisse« und »Erkenntnisse« als wissenschaftlich unhaltbaren Unsinn abzutun, doch das Heikle solcher Meldungen ist nicht, dass hier Nebensächlichkeiten ein vermeintlicher Erkenntnisgewinn untergeschoben wird. Die Gefahr lauert auf einer ganz anderen Ebene.

Aber zunächst noch ein weiteres Beispiel für derartige Thesen, diesmal nicht aus einem Blatt der Klatschpresse, sondern aus der Weihnachtsansprache des damaligen Bundespräsidenten Christian Wulff aus dem Jahr 2010:

> *»Der Staat kann im Rahmen seiner Möglichkeiten Menschen in Not finanziell unterstützen. Aber jemandem Mut zusprechen, jemandem auf die Schulter klopfen, jemandem die Hand reichen: Dafür braucht es Menschen, für die Menschlichkeit wichtig ist. (…) Wer sich so engagiert, bekommt viel zurück. Ehrenamtliche leben übrigens auch länger.«*

Da haben wir wieder das Muster: »Ehrenamtliche leben länger.« Egal ob Glatze, Vegetarier oder Ehrenamtlicher – all diese Aussagen offenbaren ein Muster. In diesem Muster gibt es ein Objekt, das in einer bestimmten Weise konfiguriert oder irgendwie besonders definiert ist. Nennen wir es »A«. In der Weihnachtsansprache des Bundespräsidenten waren das die Ehrenamtlichen. Sodann enthält das Muster eine Zuschreibung, eine bestimmte Eigenschaft – nennen wir sie »B«. In Wulffs Ansprache war es das Element »Länger leben«. Allerdings fehlt noch der entscheidende dritte Teil des Musters. Es ist genau jener Teil, der uns später beim Blick auf die Bewertung von Entscheidungen und *best practice*-Modellen die Augen öffnen wird.

Machen Sie sich keine Illusionen: Wenn Sie Aussagen wie den oben zitierten Glauben schenken, dann tappen Sie in eine gemeine Falle. Es handelt sich um einen Denkfehler, dem wir alle oft genug aufsitzen – meist, ohne es zu merken.

Sehen wir uns dazu noch einmal das Muster der Aussagen an. Zwischen A und B gibt es eine Verknüpfung. Über Objekt A wird eine Aussage B getroffen. Der springende Punkt ist aber, dass diese Verknüpfung keine Zuschreibung im Sinne von »Dieses Auto ist blau« ist, sondern als eine viel speziellere Form daherkommt, nämlich als Bedingung: *Wenn* jemand eine Glatze hat, dann verdient er mehr. Wenn sich jemand vegetarisch ernährt, dann lebt er gesünder. Wenn …, dann …

Kurz: Wenn Element A so und so beschaffen ist, dann folgt daraus B. Oder andersherum gesagt: B gibt es, weil es A gibt.

Und hier ist der Blinker zum Wrong Turn gesetzt.

Jeder kennt das Problem aus dem Alltag. Man macht eine bestimmte Beobachtung, dann nimmt man woanders eine parallele Entwicklung wahr. Die meisten glauben beispielsweise, dass in der kalten Jahreszeit mehr Menschen krank werden. Dabei können wir uns einen Schnupfen oder eine Erkältung auch im Sommer einfangen. Denn der Auslöser der Krankheit ist nicht die Temperatur, sondern ein Virus. Beide Phänomene – Schnupfen und Kälte – treten lediglich gleichzeitig auf. Und prompt ziehen viele die Schlussfolgerung, dass zwischen beiden ein Zusammenhang bestehe. Dabei gibt es im Grunde nur eine Korrelation.

Korrelation bedeutet, dass zwei oder mehr gleichzeitig beobachtete Größen einen ähnlichen Verlauf zeigen. Das ist wie bei dem Rocksaum-Index von George Taylor. Der amerikanische

Wirtschaftswissenschaftler stellte 1926 die Theorie auf, dass sich die Entwicklung der wirtschaftlichen Lage eines Landes an der Länge der Beinkleider von Frauen messen ließe. Umso kürzer der Rock, desto besser geht es der Wirtschaft. Nimmt die Wirtschaftskraft ab, werden die Röcke wieder länger. In der Tat: Mitte der Zwanzigerjahre waren die Röcke wirklich recht kurz, schon 1927 begann ihr Saum wieder zu fallen – zwei Jahre später begann die Weltwirtschaftskrise. In den späten Sechzigern, als der »Rocksaum-Index« erneut populär wurde, brachte man die boomende Wirtschaft mit dem Minirock in Verbindung.

Leider widerlegte die darauf folgende Rezession die schöne Theorie, denn der Abschwung entfaltete sich erst in den Siebzigern, während die Mädchen bereits 1967 auf der Straße in langen Hippiekleidern herumliefen. Wahrscheinlich nur eine Ausnahme …

Doch auch heutzutage sorgt die Rocksaumtheorie für Kapriolen: Die japanische Girlie-Band Machikado Keiki nahm sich kurzerhand den Zusammenhang von Rocklänge und prosperierender Wirtschaft zur Brust und dreht den Spieß um: Wenn der Nikkei steigt, kürzen die Japanerinnen ihre Röcke. Zwischen 10 000 und 11 999 Punkten tragen die Damen ihre Röcke knielang. Ab 12 000 Punkten greifen die Japanerinnen zum Minirock. Noch einmal 1000 Punkte mehr, und die Band gibt ein Konzert ohne Röcke.

Am 5. April 2013 erreicht der Nikkei 13 109 Zähler.

Wieder das gleiche Muster: Auch bei der Rocksaumtheorie werden zwei Dinge in Verbindung gebracht, die nichts miteinander zu tun haben. Die Verbindung zweier Werte liegt rein in der Ähnlichkeit von Kurven oder sich scheinbar gegenseitig beeinflussender Parametern, die nur zufällig parallel auftreten oder über eine noch unbekannte dritte Variable verknüpft sind. Die Werte korrelieren lediglich miteinander. Ein kausaler Zusammenhang besteht nicht. Er wird vom Menschen lediglich durch seine Beobachtung automatisch konstruiert. Und wenn der Zusammenhang dann noch plausibel klingt oder moralisch erstrebenswert ist, glaubt man auch daran. Es ist wie beim Fritz-Walter-Wetter: Wenn's regnet, gewinnt der FC Kaiserslautern. Die Pfälzer wünschen sich sicher noch mehr Regen.

Jeder tüchtige Statistiker erkennt die Parallelität von Entwicklungen auf den ersten Blick, er weiß, was Korrelation bedeutet. Kausalität bezeichnet hingegen etwas ganz anderes. Kausalität impliziert eine logische Verbindung zwischen den beobachteten Phänomenen. Ein Phänomen bedingt das andere. Phänomen A ist Grund und Ursache für Phänomen B.

Aber warum wird Korrelation mit Kausalität verwechselt? Dass Vegetarier angeblich länger leben, scheint noch irgendwie plausibel. Aber dass Rocklängen nichts mit Börsenpunkten zu tun haben, ist sonnenklar. Warum also wird ein kausaler Zusammenhang vermutet, nur weil zwei Werte miteinander korrelieren?

Angesichts der Tatsache, dass der Mensch ein Meister im Suchen von Zusammenhängen ist, überrascht die Antwort kaum: Sobald man sich aus zig möglichen Beobachtungen zwei Größen herauspickt und miteinander vergleicht, legen unsere grauen Zellen sich mit Freude darauf fest, dass zwischen den beiden Größen eine Verbindung bestehen muss. Unbewusst oder nicht – man stellt die Verknüpfung selber her. Man schafft sich eine logische Schnittstelle, weil die Verknüpfung sich zu einer kleinen Geschichte mausert. Die festgestellte Korrelation genügt uns dann als Beweis für eine vermeintliche Kausalität.

Die oben beispielhaft angeführten medienwirksamen Theorien funktionieren nur, weil sie auf diesem Irrtum basieren. Sie lassen mehr als genug Parameter außer Acht, die hintergründig eine Rolle spielen. Eine kausale Beziehung kann sich erst durch Kenntnis und Abwägung dieser unbekannten Variablen ergeben.

Bei verheirateten Männern, die angeblich länger leben, ist eine solche Variable womöglich die gesunde Lebensweise. Eine andere ist vielleicht gutes Aussehen. Attraktive Männer werden gerne geheiratet. Aber nicht der Hafen der Ehe ist es, der sie länger am Leben hält, sondern eher die Tatsache, dass sie sich vielleicht bewusster ernähren, auf Alkohol verzichten und zweimal die Woche ins Fitnessstudio gehen.

Dass Vegetarier gesünder leben, dürfte ebenfalls eher auf bewusste Ernährung und Sport zurückzuführen sein als einzig und allein auf den Fleischverzicht. Vegetarier sind in der Regel auch generell kritischere Konsumenten. Sie kennen die Inhaltsstoffe ihres Duschgels, kaufen im Bioladen ein, nehmen sich viel Zeit fürs Kochen und schlucken nur homöopathische Arzneimittel.

Was das Gehalt von Männern mit Glatze angeht, so dürften diese Männer in der Regel meist älter sein. Wer älter ist, hat zum einen ohnehin meist weniger Haare und ist zum anderen schon länger im Geschäft – und verdient entsprechend mehr Geld. Dass jüngere Leute sich erst hocharbeiten müssen und Frauen in den seltensten Fällen kahlköpfig werden, bedarf eigentlich keiner besonderen Erwähnung.

Und was die Aussage des Bundespräsidenten zu Ehrenamtlichen betrifft: Es dürften überwiegend gesunde und körperlich leistungsfähige Menschen sein, die sich ehrenamtlich engagieren. Und dass gesunde Menschen meist länger leben als Kranke, darauf kann man wetten.

Korrelation und Kausalität sind also zwei Paar Stiefel. Und das macht uns das Leben schwer. Erinnern wir uns an den erfundenen medizinischen Kongress. Die Malariaforscher Mitte des 19. Jahrhunderts machten kurzerhand die schlechte Luft, die von den Sümpfen herüberwehte, für das gehäufte Auftreten der Krankheit verantwortlich. Die Korrelation von Luftwerten und Häufigkeit der Malaria ließ sich ja vielfach belegen. Wie sich später herausstellte, gab es auch hier eine anfangs übersehene Hintergrundvariable: die Anopheles-Mücke.

Doch zurück zu *best practice* und der Sehnsucht danach, dass gute Entscheidungen tatsächlich die Ursache von guten Ergebnissen und schlechte Entscheidungen tatsächlich die Ursache von schlechten Ergebnissen sind.

Ob das gut geht?

Gesetzt den Fall, ein Unternehmen hat jahrelang auf bestimmte Prozessvorgaben gesetzt, die sich bewährt haben, zum Beispiel in Form von Markteintrittsstrategien oder logistischen Konzepten. Und das – Achtung, Halo-Effekt! – mit Erfolg. Dann gibt es innerhalb wie außerhalb des Unternehmens zwangsläufig Personen, die den Erfolg auf die *best practice*-Konzepte zurückführen – auch wenn es keinen ausdrücklichen Beweis für diese Annahme gibt. Der Erfolg könnte ja auch der allgemeinen wirtschaftlichen Lage, anderen unternehmerischen Maßnahmen oder – und das ist gar nicht so unwahrscheinlich – schlicht dem Zufall geschuldet sein. Zwischen bewährten Methoden und großem Erfolg gibt es zwar eine Korrelation – aber das heißt noch lange nicht, dass auch eine Kausalität besteht. Trotzdem wird sie als gegeben angenommen. »Gute Entscheidung, damals!« – »Ja, sehr gut!«, hört man dann im Aufsichtsrat im Rückblick auf die positive Entwicklung.

Best practice ist nicht gleich *best practice*. Schon gar nicht in allgemeingültiger Form.

Unternehmen A, ein Zulieferer für den Schiffsbau, führt ein neues Logistikprinzip ein. Die Durchlaufzeit der Produkte sinkt um 40 Prozent, die Produktivität erhöht sich um 20 Prozent. Innerhalb von nur zehn Wochen reduziert sich der Lagerbestand um zwei Millionen Euro. All die klassischen Kennzahlen, die angeblich *best practice* belegen, sind erfüllt. Mit einem Wort: Die Methode scheint der Firma einen bombastischen Erfolg zu bescheren.

Unternehmen B, das Armaturen herstellt, soll mit derselben Strategie vergleichbare Produktivitätsvorteile erzielen. Nach drei Monaten haben sich die Kennzahlen zwar keineswegs verschlechtert – der durchschlagende Erfolg ist aber ausgeblieben.

Die Beispiele sind nicht aus der Luft gegriffen. Ich habe seinerzeit für beide Unternehmen gearbeitet. Was wir bei Unternehmen A beobachtet hatten, stellten wir auch Unternehmen B in Aussicht. Das taten wir nicht in blindem Glauben, sondern durchaus mit Sachverstand. Dennoch stellte sich der Erfolg nicht ein. *Best practice* für Unternehmen A – nennen wir es dort, wo es geklappt hat, ruhig so – ließ sich nicht auf Unternehmen B übertragen. Es war ein Fehler anzunehmen, dass das klappen würde. Ein Übertragungsfehler. Vielleicht war sie gar nicht allein verantwortlich für den Erfolg. Vielleicht ist die *best practice* sogar ein Hindernis für den Erfolg des Unternehmens B. Im schlimmsten Fall ist die Übertragung einer Maßnahme sogar eine Krankheitsübertragung. Ich denke an das Bonussystem, das wir vor Jahren voller Stolz in unserm Unternehmen einführten.

Best practice ist immer nur die *best practice* eines Unternehmens. Wer *best practice* anstrebt, verrennt sich – weil man *best practice* höchstens im Nachhinein als solche bezeichnen kann. Und weil sie sich eben nicht »verpflanzen« lässt. *Best practice* verleitet also zu Fehlannahmen. Mehr noch – das Konzept der *best practice* ist eine einzige Fehlerquelle. Es generiert erst die Fehler und Schwierigkeiten, mit denen sich Unternehmen und Organisationen dann herumschlagen müssen.

Darüber hinaus ist es eine Fehlerquelle mit Second-Hand-Faktor. Denn wenn ich eine scheinbar bewährte Lösung für ein Problem übernehme, dann ist diese Lösung alles andere als brandneu. Vielmehr hat sie schon einige Zeit auf dem Buckel. Und selbst wenn *best practice* nach der Übertragung die gleichen Ergebnisse brächte, wäre ich als *best practice*-Anwender allenfalls auf dem Stand, auf dem ein anderer vor Monaten, wohl eher vor Jahren schon war.

Damit haben wir nun einen »dummen« Fehler kennengelernt. Dumm ist der Fehler deshalb, weil zwei Dinge miteinander in Verbindung gebracht werden, die rein gar nichts miteinander zu tun haben: eine vermeintliche Ursache und eine vermeintliche Wirkung. Es gibt keinen Beweis dafür, dass allein eine Maßnahme für den Erfolg von *best practice* steht. Ebenso gut kann es sein, dass es in einer Firma nicht das Bonussystem ist, das Mitarbeiter zu mehr Leistung beflügelt, sondern eine Umstellung der Kantinenverpflegung.

Das Trügerische ist: Wo es einen »dummer Fehler« gibt, gibt es auch einen »intelligenten Fehler«.

Der intelligente Irrtum

»Hohes volkswirtschaftliches Bildungsniveau führt zu prosperierender Wirtschaft!«

In dieser Aussage manifestiert sich ein Glaube, der fest in beinahe allen Gesellschaften verwurzelt ist. Die gesamte Entwicklungspolitik basiert darauf: Bildungszentren in SOS-Kinderdörfern in Liberia, Hochschulen für Lebensmitteltechnik im Senegal, Schulprojekte auf Madagaskar, Projektpartnerschaften mit Grundschulen in Afghanistan usw.

Und nicht nur der Blick auf Entwicklungsländer ist von dieser Annahme bestimmt. Tony Blair bestritt auf Basis dieser These seinen gesamten Wahlkampf um das Amt des britischen Premierministers. Auf dem Labour-Parteitag 1996 nannte er als Prioritäten nach einer möglichen Regierungsübernahme: »Bildung, Bildung, Bildung«.

Für sich genommen, klingt die These auch durchaus logisch. Trotzdem stimme ich ihr nicht zu. Warum nicht? Lassen Sie mich zunächst die Gegenthese aufstellen: »Eine prosperierende Wirtschaft erlaubt es der Gesellschaft, mehr Geld in Bildung zu investieren!«

Schauen wir mal, ob sich für jede der beiden Thesen Beispiele finden lassen. Dazu bietet sich die Fragestellung an, was denn zuerst da war. Florierte also zuerst die Wirtschaft, oder machte ein blühendes Bildungssystem den Anfang?

Das alte Rom hatte erst eine funktionierende Wasserversorgung, bevor Schulen und Akademien wie Pilze aus dem Boden schossen. Länder wie Südkorea und Malaysia wurden erst reich, bevor sie anfingen, Universitäten zu gründen. Aktuell ist dieselbe Tendenz in den Vereinigten Arabischen Emiraten zu beobachten, etwa in Dubai oder Abu Dhabi. An den dort mit Hilfe der Petro-Dollars errichteten Universitäten studieren nicht nur Einheimische, sondern auch junge Menschen aus anderen Weltgegenden, vor allem Osteuropa.

Demgegenüber sieht die Lage in vielen Ländern Zentralafrikas eher düster aus. Dort wurden für Millionen von Dollar Bildungssysteme eingerichtet – aber die Wirtschaft steht schlechter da als vorher. Nagelneue Schulgebäude verfallen. Brunnen trocknen aus, kaum dass sie gegraben wurden …

Ein hohes Bildungsniveau bewirkt also eine prosperierende Wirtschaft? Wo wir auch suchen, wir finden eher Belege für das Gegenteil. Vielleicht ist es ja genau umgekehrt: Erst eine Gesellschaft mit einer prosperierenden Wirtschaft kann sich ein gut ausgebautes Bildungssystem überhaupt leisten, kann es pflegen und erhalten!

Wohlgemerkt, es geht mir keinesfalls darum, Bildung schlechtzumachen. Nur sollten wir nicht zwangsläufig mit einer allzu positiven Wirkung auf die wirtschaftliche Leistungsfähigkeit eines Landes rechnen. Vielmehr geht es mir um das Phänomen des »intelligenten Irrtums«: Es lassen sich nämlich durchaus Phänomene beobachten, die in der Realität etwas miteinander zu tun haben. Sie bedingen einander – hängen vielleicht sogar kausal miteinander zusammen. Das heißt konkret, das eine Phänomen ist die Ursache für das andere. Die beiden Phänomene in Zusammenhang zu bringen wäre dann nicht per se falsch. Aber die Richtung, in der sie miteinander in Verbindung gebracht werden, ist falsch. Daher der »intelligente Irrtum«.

Der »intelligente Irrtum« besteht darin, die kausale Richtung des Zusammenhangs falsch zu wählen. Zu glauben, A führe zu B, obwohl es genau umgekehrt ist: B bewirkt A! Aber das wird übersehen, weil die falsche kausale Vernetzung entweder ungeheuer plausibel anmutet oder moralisch eher vertretbar erscheint. Wie im Fall der Wirtschaft und der Bildung. Man denkt zwar schlau, aber dennoch falsch.

Dazu ein klassisches Beispiel: »Wenn die Mitarbeiter zufrieden sind, erhöht sich das Betriebsergebnis.« Das könnte richtig sein, und es klingt erstrebenswert. Aber mindestens genauso viele Argumente sprechen für den umgekehrten kausalen Zusammenhang, dass ein großer wirtschaftlicher Erfolg der Firma sich außerordentlich positiv auf die Zufriedenheit der Mitarbeiter auswirkt. Auch bei einem Fußballspiel sieht die Gewinnermannschaft vor Spielbeginn meist nicht zufriedener aus als die Verlierermannschaft. Der Irrtum ist ganz schön intelligent getarnt. Wie eine Stabheuschrecke, die im Terrarium zwischen den Ästen nicht zu erkennen ist.

Aber auch in kleinerem Rahmen, auf der Ebene des Einzelnen, neigen Menschen dazu, die einzelnen Glieder einer Kausalkette zu vertauschen. Zum Beispiel dann, wenn der Beweis für eine Tatsache einfach fehlt.

»Glückwunsch, Herr Müller«, sagt der Radiologe, »kein Befund! Ich habe keinen Krebs bei Ihnen gefunden!«

Diese Aussage darf der Arzt treffen, ohne seinen Eid zu brechen. Man beachte: Er hat keinen Beweis für das Vorliegen einer Krankheit. Man nennt dies NED – no evidence of disease.

»Stell dir vor«, teilt Herr Müller zu Hause glücklich seiner Frau mit, »ich war beim Radiologen. Kein Befund – der eindeutige Beweis, dass ich nicht krank bin!«

Der Patient begeht eine 180-Grad-Verwechslung. Er freut sich fälschlicherweise darüber, dass er keine Krankheit hat. END – Evidence of no disease. Aber diesen Beweis hat sein Arzt keineswegs erbracht!

»Alles halb so wild«, würde Herr Müller abwinken, wenn man ihn auf diesen Umstand hinweisen würde. »So etwas würde mir nie passieren. Mein Arzt redet Klartext mit mir. Irrtum ausgeschlossen!«

Ich halte dagegen: Der Krimi fängt gerade erst an. Denn an fiesen Fallen mangelt es nicht …

Wenn 90 Prozent aller Produktfälschungen aus China kommen, sind dann 90 Prozent aller Produkte chinesischer Herkunft Plagiate?

Wenn alle jugendlichen Schulattentäter Ballerspiele gespielt haben, sind dann alle Jugendlichen, die solche Spiele spielen, potenzielle Schulattentäter?

Wenn der Anteil der Nichtwähler mit einem Haushaltseinkommen von mehr als 3000 Euro bei 25 Prozent liegt, gehen dann 25 Prozent der Haushalte mit mehr als 3000 Euro Einkommen nicht wählen?

Und jetzt wird es ganz schwer: Wenn alle Dummen der Meinung sind, schlau zu sein, sind dann alle, die behaupten, schlau zu sein, dumm?

Wenden wir uns wieder der Frage zu, welchen Wert unsere Entscheidungen und unser Handeln tatsächlich haben. Ein Ergebnis, zu dem wir gekommen sind, lautet, dass der Zusammenhang zwischen unserem Handeln und den realen Entwicklungen nicht unabhängig von uns existiert, sondern wir ihn stark beeinflussen. Was uns viel Unsicherheit beschert.

Best practice – das war die erste Sicherheit, die fiel. Es gibt nicht die eine richtige Lösung. Es gibt auch nicht Dinge, die automatisch miteinander in Verbindung stehen. Diese Verbindung konstruiert der Mensch. Und dann noch in die falsche Richtung: Die Dinge stehen durchaus miteinander in Verbindung, aber der Mensch verknüpft sie falsch.

Angesichts dessen stellt sich die Frage, wie eine Führungskraft überhaupt noch handeln soll. Schließlich muss sie eine Taktik auswählen und sich für eine Richtung entscheiden. Woher weiß sie jetzt noch, ob sie richtig oder falsch handelt?

Sollte sich bei Ihnen nun Verzweiflung breitmachen, kann ich Sie leider nicht beruhigen.

Machen Sie sich lieber schon mal an Ihr Alibi!

Her mit dem Stoff!

Das Beste, was Sie Ihrem Feind geben können, sind Informationen.

Wie bitte? Informationen werden in der Hand des Feindes doch allerhöchstens zur Waffe! Warum um alles in der Welt sollte man sie ihm dann auch noch freiwillig geben?

Angenommen, Sie stöbern auf dem Flohmarkt nach einem Geschenk für Ihre Kinder. An einem Stand werden Sie fündig: Für läppische drei Euro steht ein Lego-Bausatz zum Verkauf. Eine Feuerwache mit allem Drum und Dran: Männchen, Autos, Leitern und batteriebetriebener Sirene. Das Set sieht aus wie neu – nur die Originalverpackung und die Bauanleitung fehlen. Sie fragen nach, ob alle Teile vorhanden sind. Die Verkäuferin ist sich nicht sicher. Auf Ihre Nachfrage hin erlaubt sie Ihnen, die Feuerwache probehalber mal aufzubauen.

Sie machen sich an die Arbeit. Die Feuerwehrautos kriegen Sie einigermaßen hin. Wäre doch gelacht, an einem Kinderspielzeug zu scheitern! Über zehn Jahre Lego-Erfahrung. Was man als Kind einmal gelernt hat, verlernt man nicht. Beim Haus selber fängt alles gut an – die Einsatzräume mit Tischen, Bänken und Ausrüstung sind schnell fertig. Beim Dach geraten Sie ins Schleudern: Eine Kuppel. Wozu braucht ein Feuerwehrhaus eine Kuppel? Das wird doch kein Atomkraftwerk. Sie versuchen etwas anderes, schließlich sind noch massig Teile übrig, die Sie irgendwie unterbringen müssen. Sie fischen ein Teil aus dem Karton, das aussieht wie eine Solarzelle. Die gehört wohl aufs Dach. Passt aber irgendwie nicht. Ratlos legen Sie es zur Seite. Als Nächstes kommt eine Satellitenschüssel zum Vorschein. Was machen Sie damit? Auch erst mal beiseitelegen. Die restlichen Teile sind schwer zu identifizieren. Es sind nur wenige Teile in der Farbe Rot übrig, die man bei einer Feuerwehr eigentlich erwarten würde. Der Rest ist überwiegend weiß. Weiß? Was hat die Farbe Weiß in einer Feuerwache verloren? Das Risiko der Blamage steigt und steigt.

»Hey, cool! Das ist die Beta-1 Command Base von 1980. Die hab ich als Kind mal gehabt«, freut sich Ihr Schwager, der Ihr munteres Treiben die ganze Zeit beobachtet hat.

Nochmal zur Erinnerung: Wissen gilt als *die* Ressource des 21. Jahrhunderts. Der Drang, möglichst viele Daten zu sammeln – Stichwort Big Data – ist allgegenwärtig.

Aber Daten werden genau dann gefährlich, ja geradezu toxisch, wenn sie gehäuft auftreten und als Haufen verwertet werden. Wir alle vergiften uns oft genug mit geballten Ladungen an Zahlen, Kurven und Werten. Ich selber habe den Eindruck, dass Führungskräfte fast immer nach dem Glaubenssatz handeln: »Je mehr Daten zur Verfügung stehen, desto bessere Entscheidungen folgen daraus.« Anhand der vorliegenden Daten errichten sie oder ihre Mitarbeiter Modelle und Denkgebäude, genau wie unser Flohmarktbesucher: Die schiere Masse der Teile verhieß die schönste aller Feuerwachen. Unter der Prämisse, dass alles irgendwie zusammenhängt und jedes Teilstück seinen Platz hat, muss aus einem Haufen Legosteine einfach eine Feuerwache werden. Oder aus einer Ansammlung von Fakten eine »richtige« Entscheidung.

Wrong Turn!

Mehr Fakten lösen keinesfalls das Problem. Im Gegenteil – sie tragen dazu bei, dass sich »dumme« und »intelligente« Fehler noch verschärfen. Die Problematik dahinter nennt sich narrative Verzerrung. Wir ertragen es nicht, Werte, Muster und Ereignisse, die unverbunden nebeneinanderstehen, auch unverbunden zu lassen. Wir handeln lieber nach dem Motto: »Irgendeinen Zusammenhang muss es doch geben zwischen all den Kennzahlen und Messwerten!« Und schon kommt in unseren Köpfen eine Maschinerie in Gang, die alles miteinander verkabelt. Am besten gleich mit Kausalverknüpfungen.

Und dieses Problem tritt erfahrungsgemäß immer genau dann auf, wenn bedeutsame Entscheidungen anstehen.

Ein Unternehmer will eine neue Fabrik errichten. Zur Abwägung des Vorhabens prüft er die Sachlage und bezieht dabei Investitionsfragen, Standortfaktoren, steuerliche Aspekte, vielleicht sogar den lokalen Arbeitsmarkt mit ein. Je mehr faktische Informationen, desto besser, denkt er. Der kluge Mann baut schließlich vor. Was ihm an Wissen fehlt, versucht er herauszubekommen. Einiges erfährt er per Zufall. Das Meiste scheint ihm für sein Vorhaben relevant zu sein – zum Beispiel, dass die Konkurrenz eine ähnlich große Fabrik plant. Oder dass bei den demnächst stattfindenden Kommunalwahlen die Gewerbesteuer im Zentrum des Wahlkampfes stehen wird. Kurz, der Unternehmer handelt unter der Prämisse, dass bestimmte Informationen Einfluss auf seine Entscheidung haben.

Und andere nicht. Wie viele Handys Samsung verkauft, braucht ihn als schwedischen Papierhersteller kaum zu interessieren. Auch die Menükarte des führenden Restaurants in Stockholm spielt keine Rolle in seinem Entscheidungsprozess. Doch welche Fakten er weglässt, hängt vom konkreten Fall ab. Es wäre ja möglich, dass der Unternehmer seine künftigen Firmengäste in ein Spitzenrestaurant einladen möchte und er deshalb für seine Fabrik die Nähe eines Sterne-Restaurants sucht.

Dass mehr Wissen zu besseren Entscheidungen verhilft, ist ein klassischer Denkfehler. Leicht lässt sich nachweisen, dass allzu oft das Gegenteil der Fall ist: Eine Unmenge an verfügbaren Informationen verleitet zu Entscheidungen, die sich im Nachhinein als falsch erweisen können. Daher die toxische Wirkung zu vieler Informationen. Verabreichen Sie sie Ihrem Feind, lähmen Sie ihn, stürzen ihn in Verwirrung, sorgen dafür, dass er sich in faktischen

Widersprüchen verheddert. Wie bei der vermeintlichen Lego-Feuerwache: Mit dem Versuch, alles miteinander in Verbindung zu bringen, knüpfen sie keine tatsächlichen Zusammenhänge, sondern Lügenteppiche. Es ist die Suche nach einer Geschichte, die alle Daten plausibel verknüpft. Ob die Geschichte dann der Wahrheit nahekommt oder nicht, ist nicht mehr Gegenstand der Überlegungen.

Angesichts einer Überfülle an Daten ist es oft besser, sich an einen schönen Aphorismus zu erinnern: »Ignoranz ist die Voraussetzung für Erfolg.«

Viele Informationen tragen nicht dazu bei, Zusammenhänge in der Realität zu erkennen. Im Gegenteil. Ihr Feind ist praktisch im Blindflug unterwegs. Und wenn doch einige Zusammenhänge richtig erkannt werden, heißt das nicht, dass keine intelligenten Irrtümer passieren und Ursache und Wirkung nicht verwechselt werden.

Kurz, wir stellen zwischen Phänomenen eine Verbindung her, die gar nichts miteinander zu tun haben. Wir glauben, dass es nötig ist, möglichst viele Informationen zu besitzen, und sind umso zufriedener, je mehr davon wir haben. Dabei bemühen wir uns krampfhaft, immer alles irgendwie mit dem Rest der Welt in Einklang zu bringen. Und meinen am Schluss, dass all das mit unserem Handeln zu tun haben muss.

Jetzt mal so richtig falsch

»Arjen, spiel ab! Du musst den Ball abgeben!«

»Okay.«

»Nix okay! Du sagst okay, aber du machst nichts. Wir geben dir doch auch den Ball. Scheiß auf okay!«

So ähnlich soll das Streitgespräch zwischen Arjen Robben und Franck Ribéry nach dem 4:0-Sieg gegen Schalke 04 in der Kabine des FC Bayern geklungen haben. Prompt geriet Robben wegen seiner notorisch »eigensinnigen Spielweise« in die Schlagzeilen.

Ihm mangele es an Teamfähigkeit. Er sei zu stur, um den Ball abzugeben. Es gehe ihm nur um sein Ego, das seinem Aufstieg zum Weltklasse-Fußballer im Weg stehe.

»Tor!«, verkündet die Stimme des Kommentators. »Was für ein Finale! 2:1 für die Münchner schon in der 87. Spielminute. Ribéry setzt sich im Strafraum gegen Dortmunds Piszczek durch und spielt den Ball mit der Sohle zu Arjen Robben. Der Niederländer lässt sich von Hummels nicht irritieren, zieht einfach an seinen Gegnern vorbei – und trifft. Diese Entschlossenheit und Durchsetzungskraft, die haben nur solche Top-Spieler wie er!«

Arjen Robben macht den Ball rein, und schon ist keine Rede mehr von Ego und Eigensinn. Er wird sogar zum »Player of the Match« dieses denkwürdigen Champions League-Finales 2013 in London. Das ist schon bemerkenswert: Derselbe Wesenszug, der den Spieler und Menschen Arjen Robben ausmacht, wird je nach Situation und Gusto anders ausgelegt. Sein Charakter wird einfach komplett umgedeutet, je nachdem, wie gerade der Wind weht!

Das ist wie mit den Börsenweisheiten – amüsant, aber völlig sinnlos. Der als Finanzexperte auftretende ungarische Journalist und Schriftsteller André Kostolany soll eine unerschöpfliche Quelle dieser bauernschlauen Weisheiten gewesen sein. Nach Kostolany ist an der Börse alles möglich, auch das Gegenteil. Anleger, die einer Herde folgen, rennen automatisch in ihr Unglück. Es sei denn, die Herde ist ein Schwarm. Denn der Schwarm besitzt eine Schwarmintelligenz. Daher ist es schlau, sich dem Schwarm anzuschließen. »Sell in May and go away« – wenn es so einfach wäre! Auch soll man im Kurs fallende Aktien nicht kaufen. Greife nie in ein fallendes Messer, sagen die einen. Die anderen meinen: Kaufe, wenn die Kanonen donnern. Oder: Der Trend ist dein Freund! Und noch ein Klassiker: Investiere antizyklisch!

Die nüchterne Erkenntnis aus solchen Weisheiten lautet: Für jedes Phänomen gibt es unterschiedliche Handlungsrichtungen und Erklärungsmöglichkeiten. Alles, was dazu dient, zwei grundverschiedene, gegensätzliche Dinge zu beweisen, beweist de facto gar nichts. Die Kausalität der betrachteten Umstände lässt sich schlicht nicht nachweisen. Narrative Verzerrung stellt sie in einen kausalen Zusammenhang, der auf den ersten Blick irgendwie plausibel erscheint. Um 180 Grad verdreht, würde das Statement aber genauso viel oder wenig Sinn ergeben. Ein tragfähiger Grund für Beweise? Ich würde eher sagen: ein Sumpfgebiet. Oder der eindeutige Beweis dafür, dass es keinen Beweis gibt! Robben trifft, ob nun egoistisch oder nicht. Das ist dem Bayern-Fan auch letztlich egal.

Ihnen sollte es aber nicht egal sein. Wie auch immer Ihr Handeln ausfällt – die Bewertung basiert auf reiner Fiktion. Sie können weder eine richtige noch eine falsche Entscheidung treffen, weil Sie niemals sicher sind, ob diese oder jene Information bzw. eine bestimmte Handlung – auch unterlassene Handlungen zählen dazu – Auswirkungen hatte.

Nobel geht die Welt zugrunde

Ein Ritterschlag für alle, die sich Gedanken um die großen Zusammenhänge des wirtschaftlichen Weltgeschehens machen: 1997 erhalten Robert Merton und Myron Scholes den von der schwedischen Zentralbank ins Leben gerufenen Nobelpreis für Wirtschaft für ihre Methode, den Wert von Derivaten und damit von ganzen Unternehmen zu bestimmen.

Merton und Scholes hatten das Black-Scholes Modell entwickelt, dem folgende Annahmen zugrunde liegen: Es existiert ein »vollkommener Kapitalmarkt«. Die Renditen des zugrunde liegenden Wertes, also die relativen Veränderungen von dessen Kurs, sind sogenannte identisch normalverteilte, stochastisch unabhängige Zufallsgrößen. Das bedeutet insbesondere, dass die Schwankung der Renditen konstant ist. Im Grundmodell werden Aktien betrachtet, auf die keine Dividenden gezahlt werden. Es existiert ein konstanter Zinssatz, zu dem jederzeit beliebig Geld geliehen werden kann. Ein offenbar wegweisendes Modell für Hedgefonds und Börsengeschäfte an sich.

So weit die preisgekrönte Theorie.

1998 erschütterte die russische Finanzkrise die Börsen. In enorme Schwierigkeiten geriet dadurch der große Hedgefonds »Long-Term Capital Management« (LTCM). Der Fonds war so groß, dass sogar die amerikanische Zentralbank eingriff, um ihn zu retten. Sie machte kurzerhand ein Dutzend Kreditbanken zu Teilhabern des Fonds. Im Jahr 2000 gingen dann endgültig die Lichter aus. Das Prekäre dabei war: Im Aufsichtsrat des gestrauchelten Finanzunternehmens saßen zwei alte Bekannte: Merton und Scholes. Und zwar nicht nur als Galionsfiguren, sondern auch als tätige Gesellschafter. Damit lag dem Fonds immerhin ein mit dem Nobelpreis prämiertes Modell zur Unternehmensbewertung zugrunde. Das Scheitern erklärten sie damals damit, dass die russische Finanzkrise ein singuläres, vollkommen unvorhersehbares Ereignis gewesen sei. Was denn auch sonst?

Kann ja mal passieren. Aber es geht noch weiter.

Im Jahr 1999 riefen Merton und Scholes einen neuen Hedgefonds mit dem schwungvollen Namen »Platinum Grove Asset Management« (PGAM) ins Leben. Auch bei diesem Fonds waren Sie nicht nur prominente Köpfe, sondern gaben ihm auch die – nobelpreiswürdige – strategische Ausrichtung.

2008 dann das Déjà-vu: Auch der neue Fonds scheiterte. Pleite.

In der Praxis: zweimal ein *Titanic*-Erlebnis. Dabei hätten es die Banker und Experten doch besser wissen müssen. Wenn man schon Nobelpreisträger an Bord hat, sollte man doch wissen, was man tut.

Bei der Frage, ob wir wirklich sicher sein können, bei unserem Handeln stets die Zügel in der Hand zu haben, stoßen wir auf drei massive Hindernisse: erstens die Verwechslung von Korrelation und Kausalität – samt Übertragungsfehler; zweitens den »intelligenten« Irrtum, also die Annahme einer falschen kausalen Richtung zweier Phänomene, und drittens die narrative Verzerrung, das heißt den Drang, möglichst alle Fakten zu sammeln und sie sodann zu einer subjektiv als richtig empfundenen Geschichte zusammenzufügen.

Mit Blick auf unser Handeln heißt das: Die Bewertung einer Entscheidung als »richtig« oder »falsch« ist nichts anderes als ein einziger leuchtender Aberglaube. Genau wie alles, was mit *best practice* zu tun hat. *Best practice*-Verfasser sind Dealer. Die daran glauben Junkies. Die Ware sind Geschichten. Richtig und Falsch hängen von der Art und Weise ab, wie eine Geschichte gestrickt ist. Sie denken, dass es die richtige Entscheidung war, die Sie getroffen haben. Weil Sie sich einen tollen roten Faden gesponnen haben. Aber der Faden ist eben nur gesponnen. Mit der Realität hat er leider nichts oder nur sehr wenig zu tun.

Im Grunde genommen hilft uns dieser rote Faden nicht zu erkennen, was wir eigentlich bezwecken, wenn wir handeln und auf Dinge einwirken. Weil wir nicht die wahren Zusammenhänge kennen, sondern uns nur auf unsere Mutmaßungen und Verkettungen verlassen können. Rote Fäden aus dem Do-it-yourself-Verfahren. Den Wert von so einem roten Faden: Schätzen Sie ihn selbst ein.

4. Clipper-Route

Sie brechen ihren Verstorbenen das Genick und drehen ihren Kopf um 180 Grad. Dann werden sie beerdigt.

So verfahren die Adivasi. Zumindest ein Teil von ihnen. »Adivasi« ist der Sammelbegriff für eine Gruppe indigener Völker in Indien, die etwa 70 Millionen Menschen umfasst. Die größten ihrer Völker, die Kohli und die Bhil, leben im Westen Indiens. Es gibt aber auch Gruppen im Osten. Bei Kalkutta. Dort, wo sich nicht einmal Rucksacktouristen hin verirren. Mitten im Dschungel. Die Dorfgemeinschaft wird von einer starken Verbindung zur Natur und zum eigenen Land, von einer ganzheitlichen, das gesamte Leben durchdringenden Religion, von traditionellen Tänzen und Festen und traditioneller Musik getragen.

Warum pflegen die Adivasi diesen Brauch bei ihren Toten? Wohlgemerkt: Da wird einem vertrauten Menschen der Kopf umgedreht. Für uns Europäer geradezu unvorstellbar! Mit Rosen, Kränzen oder einem »Ave Maria« hat das nichts zu tun. Dafür aber mit dem Weltbild dieser Stammesvölker: Sie glauben an Untote, also an Wesen, die aus ihren Gräbern steigen und den Lebenden alles andere als wohlgesonnen sind. Der Brauch soll verhindern, dass die Toten nach der Bestattung den Weg zurück ins Dorf finden. Um 180 Grad gedreht, zeigt das Gesicht genau in die andere Richtung. Würde der Zombie das Dorf ins Visier nehmen, so liefe er in die entgegengesetzte Richtung. Die Augen auf die Behausungen der lebenden Verwandten gerichtet, würde der Untote sich mit jeden Schritt weiter davon entfernen. Das funktioniert nachweislich einwandfrei. Noch nie hat ein toter Adivasi den Weg zurück ins Dorf gefunden. Der grausame Plan wird in alle Ewigkeit aufgehen.

Ein perfekter Plan.

Pläne sind wirklich etwas Wunderbares. Pläne sind wie ein Glasreiniger für die Kugel der Wahrsagerin: Wo vorher noch Ungewissheit war und die Zukunft praktisch im Nebel lag, ist jetzt Klarheit eingetreten. Budgets können aufgestellt, Mitarbeiter-Teams organisiert und Maschinenparks ausgelastet werden. Und Schwachstellen in der Produktion lassen sich heute schon souverän beheben.

Planung funktioniert nach einem einfachen Prinzip: Da gibt es einen Ausgangspunkt, von dem aus man einen Zielpunkt erreichen möchte. Zwischen beiden liegt eine Distanz – und die soll mit einer Kette von einzelnen Schritten überwunden werden, kleinen Maßnahmen, großen Projekten und Interventionen aller Art, die aufeinander aufbauen. Eine Planung gilt dann als plausibel, wenn alle diese Einzelmaßnahmen schlüssig ineinandergreifen und Ausgangspunkt und Ziel dadurch verbunden werden.

Sind Sie ebenfalls ein Freund von Plänen – vor allem von solchen, die aufgehen? Vielleicht wird es brenzlig – für Sie. Denn wir schauen nun, was aus den Plänen wird, mit denen wir alltäglich versuchen, Entwicklungen zu gestalten, Firmengeschicke in die richtigen Bahnen zu lenken, das Verantwortungsbewusstsein von Bürgern zu stärken und schlichtweg die Welt so zu gestalten, wie wir sie gerne hätten. Kurz, der Zahltag in Sachen Planungssicherheit und Planungsvertrauen ist gekommen.

Und dazu habe ich gleich noch eine Aufgabe für Sie: Nehmen Sie sich doch bitte einen Zettel und einen Stift und addieren Sie Ihre nächsten fünf Jahresgehälter.

Ablasshandel

Versetzen wir uns an einen typischen Montagmorgen, sagen wir, kurz vor acht Uhr. Es regnet Bindfäden. Ariane fährt zur Kindertagesstätte. Sie ist spät dran. Eigentlich hätte sie schon vor 20 Minuten das Haus verlassen müssen, um rechtzeitig zur Kita zu kommen. Ihre zweijährige Tochter Nele auf dem Rücksitz quengelt. Die Hauptstraßen sind total verstopft, da diese Woche wegen des Streiks keine Busse und Bahnen fahren. Erst kurz vor dem Ziel kann Ariane Gas geben. Mit quietschenden Reifen hält sie vor der Kita, schnappt sich Nele und sprintet los. Es ist zehn nach acht.

Die Haustür ist verschlossen. Ariane klingelt. Nach kurzer Wartezeit erscheint ein Gesicht zwischen den bunten Papierfaltern, die innen an der Glastür kleben. Betreuerin Sabine. Lächelnd drückt sie die Klinke herunter.

»Hallo, Nele! Magst du schon mal reingehen?« Sabine zieht eine rote Sammelbüchse hinter dem Rücken hervor und hält sie Ariane vor die Nase. »Bitte fünf Euro in die Kasse!«

Ariane ist perplex.

»Fünf Euro?«

»Fürs Zuspätkommen.« Sabine strahlt sie an. »Wie letzte Woche im Elternkreis besprochen. Hat dein Mann dir das nicht gesagt? Ab heute werden mehr als fünf Minuten Verspätung mit fünf Euro Strafgebühr berechnet.«

»Aber … der Verkehr …« Ariane spart sich die Rechtfertigung, nestelt ein paar Münzen aus ihrer Handtasche und stopft sie in Sabines Sammelbüchse. »Tschüss!«

Am nächsten Morgen verzichtet Ariane auf ihr Frühstück, um ja nicht zu spät zur Kita zu kommen. Punkt halb acht sitzt sie mit Nele im Auto. Wieder Stop-and-go-Verkehr. An einer Ampel blickt Ariane in den Rückspiegel – und erschrickt.

»Nele, du hast ja deine Brille gar nicht auf!«

»'rille is' Hause!«, quiekt Nele vergnügt.

Ariane schluckt das Wort hinunter, das ihr auf der Zunge liegt und das ihre Tochter besser nicht zu früh lernen soll. Sie wendet das Auto.

Als sie vor der heimischen Garage den Motor wieder startet, ist es 8.15 Uhr. Stress pur. Vor Arianes innerem Auge taucht Sabines strahlendes Betreuerlächeln auf. Samt roter Sammelbüchse. Einen Moment lang überlegt sie. Dann fährt sie los.

Am nächsten Café parkt Ariane den Wagen, spendiert ihrer Tochter einen Kakao und sich selber ein kleines Frühstück. Gemütlich liest sie Zeitung, während Nele mit der Café-Katze spielt. Erst gegen 9.30 Uhr macht sie sich ganz entspannt auf den Weg zur Kita. Jetzt ist es auch egal, denkt sich Ariane, ob fünf Minuten oder zwei Stunden: Es kostet ja dasselbe. Der Fünf-Euro-Schein vom Wechselgeld steckt griffbereit in ihrer Manteltasche.

Das Anliegen der Kita-Leitung war naheliegend: Dinge, die stören, möchte der Mensch beheben. Probleme möchte er im Sinne einer positiven Zukunft lösen. Das ist verständlich und zeugt von guter Absicht. Um die ständigen nervenden Verspätungen der Eltern einzudämmen und einen vernünftigen Start der Kindergruppen zu ermöglichen, wird eine Strafe von fünf Euro verhängt. Ein Anreiz, in der Hoffnung, dass niemand mehr zu spät kommt. Das war der Plan.

Das Problem war nur: Er ging nicht auf. Im Gegenteil. Die Eltern kamen weiterhin zu spät. Jetzt sogar noch später als vorher. Und nicht mehr fremdverschuldet, sondern einfach aus Lust und Laune. Kurz noch mit der Freundin frühstücken, dann erst das Kind in die Kita bringen. Man muss ja nur fünf Euro zücken und kann die Zeiten flexibel auslegen. Ein kleiner Ablasshandel für eine kleine Sünde.

So war das Ganze allerdings nicht geplant. Im Gegenteil. Mit dem Strafgeld wollte die Kita-Leitung das Problem mit dem Zuspätkommen lösen – und verschärfte es erst recht.

Gehen Pläne nicht auf und scheitern Projekte, ertönt schnell ein Konzert kritischer Stimmen – ganz gleich, welches Ausmaß das

Scheitern hatte und in welchem Kontext das Projekt verankert war. Das Vokabelheft der Planungs-Profis hat für alles einen Eintrag: »Die Visualisierung des Zeitverlaufs war overstyled. Das Milestone-Setting war zu grobmaschig. Time-Shifts wurden nicht ausreichend geupdated. Das Team hat seine Underperfomance nicht reflektiert. Und das Matching von Rollen und Personen hat mehr zu Disabling als zu Enabling geführt.« Und wenn alle Management-Register gezogen wurden, kommen noch die Totschlagargumente: Wenn doch jeder einfach nur seinen Job machen würde, dann würde der Laden laufen. Und schließlich der Killer unter den Totschlagargumenten: Man hätte es doch besser wissen müssen!

In der Tat, man hätte es besser wissen müssen. In dieser Feststellung liegt sehr viel Wahrheit. Die Tatsache, dass Pläne nicht aufgehen, ist einfach zu wahr, um schön zu sein. Und ich will mich nicht damit zufriedengeben, dass es immer an Feinheiten liegt – dazu gehen wir mit unseren Plänen einfach zu oft baden. Oder bewirken gar das Gegenteil. Aber warum nur?

Um das herauszufinden, möchte ich die Frage einmal umdrehen: Was muss eigentlich passieren, damit Pläne aufgehen? Wie muss die Welt beschaffen sein? Wie die Menschen, die in ihr leben?

Bei der Kita-Regel drängt sich der Verdacht auf, dass solche Anfängerfehler nur der Betreuerin eines Kinderhorts unterlaufen können. Sie ist ja schließlich Erzieherin und keine Managerin einer großen Firma. Sie hat wahrscheinlich Pädagogik und nicht Betriebswirtschaft studiert. Die hauptberuflichen Manager sind mit Dreijahresplan, ganzen Prognose-Abteilungen und durchdachten Arbeitsabläufen sowieso viel besser gegen Fehler abgesichert als irgendeine Kita in der Provinz. Gewinnziele und strategische Ausrichtung von Unternehmen sind exakt ausgeklügelt. Auch die Politik schmiedet mit Hilfe von Experten genaue Pläne: Wer die Infrastruktur stärkt und ausbaut, lockt Unternehmen an und schafft Arbeitsplätze. Oder: Strafzölle auf chinesische Solarmodule fördern die heimische Wirtschaft. Oder: Der Handel mit Emissionszertifikaten stärkt den Einsatz erneuerbarer Energien durch Verteuerung der emissionsreichen Energieerzeugung. In der Politik gibt es unzählige solcher Pläne. Eine Kita mit ihren wenigen Mitarbeitern und zumeist nur kleinem Budget kann das natürlich nicht leisten.

Kurz, gestandenen Managern und Führungskräften würde so etwas wie in der Kita nie passieren. Profis sind halt Profis.

Wirklich?

Der Sargnagel am Kummerkasten

»Und so ist es mir eine große Freude, Ihnen das neue System des Verbesserungswesens in der Wendelstein AG vorzustellen …« Mit feierlicher Geste drückt der Betriebsratsvorsitzende eine Taste auf seinem Laptop. Eine neue Folie erscheint auf der Leinwand.

Was gleich auf den sieben Quadratmetern Projektionsfläche präsentiert wird, ist Ergebnis eines langen Prozesses: Die Mitarbeiter sollen zu mehr Eigenverantwortung geführt werden, sich mehr ihrem Unternehmen verpflichtet fühlen – und Bereichsleiter und Führungskräfte aller Art von kleinteiligen Aufgaben entlastet werden.

> *»Ab sofort steht im Eingangsbereich jeder Lobby eine Vorschlagsbox bereit, die Sie mit Ideenzetteln, Evaluationsformularen und natürlich auch Beschwerdenachrichten füllen können. Einfach im Vorbeigehen einen der Vordrucke mitnehmen, ausfüllen und das nächste Mal in die Box einwerfen. Alternativ loggen Sie sich ins Firmen-Intranet ein und klicken auf Suggestion Box. Probieren Sie's ruhig mal aus. Denn eines wird Sie freuen zu hören …«*

Auf der Leinwand erscheinen bunt verpackte Geschenke.

»Als Gegenleistung für spannende, innovative Ideen zahlen wir für umgesetzte Vorschläge Geld-Prämien. Die Geschäftsführung freut sich ebenso auf Ihr wertvolles Feedback wie wir vom Betriebsrat …«

Ich bin mir sicher: Es gibt keine Firma, kein Amt, keine Sauna, kein Möbelhaus, keinen Freizeitpark, kein Einkaufszentrum, keine Stadtbücherei, kein Krankenhaus und auch keinen Ponyhof, wo nicht irgendwo ein Briefkasten mit dem Hinweis »Ihre Anregungen & Wünsche« hängt. »Beschwerden« wäre als Beschriftung eines solchen Kastens zwar naheliegend, aber unbeliebt. Und das hat seinen Grund – und damit sind wir wieder zurück in dem Unternehmen mit der stolz eröffneten Vorschlagsbox: Die Unternehmensspitze möchte ja wirklich die Prozesse, das Produkt und das Betriebsklima verbessern, und zwar konstruktiv. Fehler und Fehlerquellen sollen behoben werden. Die Firmenchefs haben einen klaren Plan, ein klares Ziel: die Einbindung der Mitarbeiter.

Ein Kummerkasten oder, positiv ausgedrückt, das Betriebliche Vorschlagswesen (BVW) ist dafür ideal: große Wirkung bei geringem Aufwand! Und schon entwickelt der einzelne Mitarbeiter mehr Verantwortung für das Gesamtunternehmen und ein starkes Wir-Gefühl: Gemeinsam sind wir besser!

Aber wie sieht die Realität aus?

Folgen wir dem Sachbearbeiter Paul N. auf seinem Weg zur Vorschlagsbox in der Lobby. Er hat ein Vorschlagsformular ausgefüllt, auf dem er die scharfe Kante einer Flurtür moniert, an der er sich schon mehrmals die Hand aufgeschürft hat. Ob die Firma die Kante nicht abschleifen lassen könne, damit sich nicht noch jemand ernsthaft daran verletzt?

Zwei Wochen später, im Mai, findet Paul N. eine E-Mail der Geschäftsführung in seinem Postfach.

»Wir danken Ihnen für Ihren Vorschlag, den wir in unsere To-do-Liste aufgenommen haben. Die nächste Auswertung und Diskussion aller bis dahin aufgelaufenen Punkte findet am 23. November in Konferenzraum 014 statt …«

Paul N. ist verwundert. Doch er hat Geduld.

Bei dem Termin ein halbes Jahr später wird sein Vorschlag schlicht vergessen. Als er mündlich darauf hinweist, bemerkt jemand aus dem Vorstand süffisant, ob es denn nichts Wichtigeres zu besprechen gebe. Das Thema ist abgehakt. Kurz vor Weihnachten verletzt sich Paul N. erneut an der immer noch scharfen Türkante …

Kein Wunder, dass Erfahrungen bei den betroffenen Mitarbeitern zu Frust und Demotivation führen – egal, ob Prämien winken oder nicht.

Das Kürzel BVW müsste also eigentlich für Betrübliches Vorschlagswesen stehen. Werden solche Systeme streng reguliert und bürokratisiert, dann kommen sie früher oder später fast immer zum Erliegen. Ideeninfarkt – und niemand ist handlungsfähig. Ein waschechter Wrong Turn!

Das eigentliche Drama ist nämlich, dass das Konzept, die Mitarbeiter zu mehr Verantwortung für das große Ganze zu führen, in der Praxis nicht aufgeht. Im Gegenteil. Der Chef wird zu demjenigen, der für alles zuständig ist. Der Kummerkasten zwingt die Mitarbeiter dazu, alle Verbesserungen dort einzuwerfen, statt selbst Verantwortung zu übernehmen. Dann wird es Chefsache, dem Hausmeister Aufträge zu erteilen. So war das mit der Vorschlagsbox aber nicht gedacht. Das Verbesserungswesen geht nach hinten los: Die Mitarbeiter werfen nur noch Zettel ein und fühlen sich nicht mehr zuständig. Sie haben den Verbesserungsvorschlag nur gemeldet, umsetzen muss ihn der Chef, über den nun alles läuft. Das traurige Ergebnis: Sowohl Mitarbeiter als auch Führungskräfte »enthaften« sich. Die Mitarbeiter sagen: »Ich habe das Problem doch benannt. Nun liegt die Lösung in der Verantwortung der Führungskräfte.« Die Führungskräfte sagen: »Wir wollen ja, dass die Mitarbeiter mehr Verantwortung übernehmen und die Entwicklung des Unternehmens selbst in die Hände nehmen.« Eigentlich sollte es zwei Helden geben. Doch nun gibt es gar keinen.

Was als stärkere Mitarbeiterbeteiligung gedacht war, entpuppt sich als das Gegenteil. Der Plan ging nicht auf, obwohl die Idee doch eigentlich gar nicht schlecht war.

Aber unter welchen Umständen wäre der Plan denn aufgegangen? Oder anders gefragt: Auf welcher Voraussetzung basierte der Plan? Meiner Meinung nach war die Voraussetzung ein bestimmtes Menschenbild und die Vorstellung, wie Unternehmen richtigerweise organisiert sein müssten. An diesem Punkt kommt Frederick Winslow Taylor (1856–1915) ins Spiel, Begründer des sogenannten Taylorismus. Danach gibt es bei jedem industriellen Prozess einen »one best way«, also eine Folge von Arbeitsschritten und Handbewegungen, die effizienter sind als andere. Um diesen besten Weg zu finden, braucht es eine Person, welche die Arbeit ausführt, und eine zweite, die anweist, misst, kontrolliert – und wieder anweist – kurz, einen Macher und einen Denker. Und damit beides, das Denken und Handeln, gelingen kann, müssen beide strikt voneinander getrennt sein.

Taylor zufolge findet das Denken in der industriellen Hierarchie »oben« statt, und das Handeln »unten«. Die Manager, die planen, anweisen und kontrollieren, sind diejenigen, die im Taylor'schen Sinne denken. Die anderen, die sich um die Ausführung kümmern, sind die Handelnden. Die Trennung ist eindeutig: »Oben« wird vorgedacht, und »unten« wird das Vorgedachte ausgeführt.

Unter der Prämisse »one best way« kam zur hierarchischen Trennung noch eine funktionale dazu: Arbeiter, die sich nur um den Einkauf kümmerten, waren getrennt von solchen, die etwa damit beschäftigt waren, Teile auszufräsen. Und das Fräsen wiederum wurde vom Drehen getrennt. So entstanden Hauptabteilungen und Abteilungen.

Und schließlich führten Taylors Ideen auch zu einer zeitlichen Teilung: Die Grundsteinlegung für Jahrespläne, langfristige Budgets und Maßnahmenpläne für mehrjährige Legislaturperioden erfolge lange vor deren Ausführung.

Noch einmal zurück zur fiktiven Wendelstein AG. Und zu dem Plan, mit dem Prämiensystem bei Mitarbeitern mehr Verantwortung für das Unternehmen zu wecken. »Die da oben« und »die da unten« – genau diese Trennung wollte das Management mit der eingeführten Verwaltung und Prämierung der Verbesserungsvorschläge aufheben, oder sagen wir besser: auflockern. Das Ergebnis: Wrong Turn!

Tatsächlich geschah die Mitarbeitereinbindung nur vordergründig – tatsächlich erfolgte die Zementierung der Hierarchie. Die normale, gesunde Verbesserungskultur, in der die Kollegen die Umsetzung ihrer Ideen in die Hand nehmen, starb aus. Nur der Chef hatte jetzt mehr zu tun.

Der Plan ging schlichtweg von einem falschen Menschenbild aus. Nach diesem Menschenbild ist der Mensch nicht nur für Anreize empfänglich – etwa schöne Prämien –, sondern er ist im Kern auch ein Verweigerer. Ohne das speziell dafür erdachte Programm meidet er nämlich Verantwortung. Er möchte lieber angewiesen werden. Er kann und möchte nicht zu viel denken, sondern hauptsächlich arbeiten, sprich: ausführen. Und er ist unkreativ – es sei denn, es geht darum, die Regeln des Managements zu unterlaufen.

Damit sind wir schon einen Schritt weiter, was die Frage nach unserer Planungssicherheit angeht: Pläne basieren immer auf bestimmten Voraussetzungen. Jeder Plan, jedes Vorhaben enthält versteckte Voraussetzungen, die gegeben sein müssen, damit der Plan aufgehen kann. Im konkreten Fall war das die Überzeugung, dass Mitarbeiter nur unter Anreizen Verantwortung entwickeln. Nur wenn dieses Weltbild auch zutrifft, kann der Plan aufgehen.

Allerdings reicht es nicht, künftig noch sorgfältiger darauf zu achten, welche Voraussetzungen unser Plan enthält.

Ein paar leere Flaschen sind da gute Lehrmeister …

Ist da Pfand drauf?

Wenn ich nun einen Exkurs in die Politik mache, dann nicht, weil ich hier bestimmte Parteien abservieren oder politische Gegenmeinungen aufwerten möchte. Irgendwie sitzen alle Politiker, Unternehmenslenker, Journalisten und Machthaber hinter dem Steuer des Autos in Richtung Wrong Turn. Aber einen muss es halt treffen.

Jürgen Trittin schaut in die Kameras der Journalisten:

> *»Hauptvorteil einer möglichen Pfandpflicht ist die gesicherte Verwertung der Rohstoffe, aus denen Dosen und Einwegflaschen bestehen. Deren Rückgabe beugt einer Vermüllung der Landschaft vor und minimiert somit die Anrichtung ökologischer Schäden. Gleichzeitig ist unser Ziel eine Anhebung der Mehrwegquote durch Belohnung vorteilhafter Verpackungen.«*

Der Bundesumweltminister wurde damals von seiner Partei beklatscht, als seine Bestrebungen erfolgreich waren und das Umweltministerium am 1. Januar 2003 deutschlandweit ein Pfand auf Einweg-Getränkeverpackungen einführte. »Dosenpfand« nannte das der Volksmund. Zugegeben, politisch gesehen eine wahre Meisterleistung. Zumal das neue System ja einen »nachhaltigen« Beitrag zum Umweltschutz darstellte.

Von einer Belohnung des Mehrwegsystems war nach Einführung des neuen Pfandsystems keine Rede mehr. »Wenn Konsumenten sich für Einwegflaschen entscheiden, dann dürfen sie auch zusätzlich dafür blechen« – mit dieser Strategie sollte ein Negativ-Anreiz geschaffen werden, wieder mehr Glasflaschen zu kaufen. Die Politik rechnete damit, dass die Menschen sich so steuern ließen.

Einige Monate später sah die Welt ganz anders aus.

Hatte der Anteil von Mehrwegverpackungen im Jahr 2003 noch bei 60 Prozent gelegen, so fiel diese Quote bis 2008 auf 31 Prozent. Wie kam es zu dieser Halbierung?

Auf Seiten der Konsumenten war zu beobachten, dass der Anteil gekaufter Mehrwegflaschen massiv zurückgegangen war, nach dem Motto: Niemand hat beim Kauf eines Sixpacks Plastikflaschen ein schlechtes Gewissen – schließlich ist ja Pfand drauf!

Was war passiert? Immerhin gab es nach wie vor Mehrwegflaschen, und für Einwegflaschen und -dosen waren jetzt 25 Cent zu berappen, 1,50 Euro pro Sechserpack. Doch das Image der Einwegflasche wandelte sich grundlegend, und zwar paradoxerweise in Richtung Mehrwegflasche. Man sammelte brav die Flaschen, nahm sie beim nächsten Einkauf mit und gab sie gewissenhaft in den Pfandautomaten. Wie die Mehrwegflaschen auch.

Auf einmal schien an den bösen Einwegflaschen nichts mehr auszusetzen zu sein. Dabei war das eigentliche Ziel des Einwegpfands gewesen, den Anteil der Mehrwegflaschen zu erhöhen.

Mit prall gefüllten Taschen zogen im Herbst 2006 drei Männer durch die Supermärkte in Schleswig-Holstein und brachten Leergut zurück. Plastikflaschen, die laut Etikett einmal Saftschorle enthalten hatten. Nur, es waren nicht zehn Flaschen und auch nicht 25 Flaschen, die da jedes Mal gegen 25 Cent Rückgeld im Automaten verschwinden sollten.

Es waren 150 000 Flaschen.

Die Männer kamen aus Litauen und hatten die Plastikflaschen eigens für das deutsche Pfandsystem produzieren lassen; die Herstellungskosten lagen im niedrigen Cent-Bereich – bei einem »Verkaufswert« von 25 Cent eine saftige Rendite. Mehr als 30 000 Euro wollten die Betrüger mit dieser Masche ergaunern. Aber bevor ein Großteil der Pfandflaschen eingelöst war, konnte die Polizei den Verbrecherring aufdecken. Zumindest diesen einen. Denn gefälschte Barcodes finden sich laut Presseberichten nach wie vor auf den einschlägigen Internetseiten.

Schöne neue Mehrweg-Welt? Kein Politiker hätte heute noch Grund, das Ergebnis, zu dem der Plan führte, zu beklatschen.

Machen wir kurz den Voraussetzungs-Check. Der Mensch ist durch Anreize steuerbar: Wenn er sieht, dass es ihn 25 Cent kostet, wenn er die Flasche wegwirft, und auf einer Mehrwegflasche zudem viel weniger Pfand ist, wird er gleich zur umweltfreundlicheren Mehrwegflasche greifen.

Doch hier kommt der nächste Aspekt ins Spiel, der so viele Pläne vereitelt: Sie basieren auf eindeutigen Wenn-dann-Beziehungen. Wenn die eine Sache gegeben ist, ergibt sich daraus die nächste Sache. Ursache – Folge – Ursache – Folge – Ursache – Folge usw. – eine imaginäre Kette von Dominosteinen, die beständig und zielgenau ein Ereignis auslösen, das dann zum nächsten Ereignis führt.

Eine simple Wenn-dann-Rechnung.

Und hier wird es wackelig. Denn damit diese Rechnung aufgeht, muss alles in der Realität genauso ablaufen wie am Reißbrett geplant. Und genau das brach dem Plan zur Erhöhung der Mehrwegquote das Genick. Mag sein, dass sich bestimmte Abläufe unter bestimmten Umständen erfahrungsgemäß immer gleich gestalten. Eine Garantie ist das aber noch lange nicht. Man denke an die Gans aus dem ersten Kapitel, die von allen Tagen ihres Lebens auf die Zukunft schloss. Und ein tragisches Ende fand.

Im Dosenpfand-Szenario war es die Annahme, dass Menschen sich mit Gebühren steuern lassen: Eine Sache muss nur teuer genug werden, damit die Menschen die Finger davonlassen, so die simple Gleichung. Doch der Anreiz hat nicht funktioniert. Er löste etwas anderes aus, als eigentlich geplant war. Menschen lassen sich eben nicht durch monetäre Anreize steuern wie Automaten. Und – was in der Geschichte von den 150 000 gefälschten Pfandflaschen deutlich wird – sie sind in einem System nicht nur reagierende, sondern auch agierende Größen. Menschen sind eben keine Lemminge, die stur in eine Richtung laufen und niemals auf die Idee kämen, sich anders zu verhalten. Vielmehr greifen sie selbst immer und ständig in das System ein, in dem sie sich bewegen. Und dadurch ändert der Plan, mit festgelegten Schritten und aufeinanderfolgenden Maßnahmen von einem Ist-Zustand zu einem Soll-Zustand zu gelangen, dramatisch und unvorhersehbar seine Richtung.

Wie lautete noch das Totschlagargument? Man hätte es doch besser wissen müssen!

Nicht ganz. Denn tatsächlich sind solche Wenn-dann-Annahmen weiterverbreitet, als man denkt. Und grundlegender: Man gebe der Mensch-Maschine einen Motivationsanreiz, und schon spuckt sie die erwünschte Arbeitsleistung aus. Aber wie müsste ein solcher Mensch aussehen, wenn es ihn denn gäbe?

Hier kommt Kurt.

Homo oeconomicus

Kurt ist ein rationaler Mensch. Will er von A nach B, sucht er sich den kürzesten Weg dorthin. Möglichst Luftlinie. Jeden Umweg spart er sich. Von emotional aufgeladenen Angaben wie »Weinstraße im Süden« oder diversen Sehenswürdigkeiten an Alternativrouten zeigt er sich unbeeindruckt. Einen Stadtbummel würde er nie machen – er kennt ja die Preise und weiß genau, was er braucht und wo er es am besten bekommt. Schaufenster könnte man seinetwegen ruhig abschaffen. Und bildhübsche Verkäuferinnen ebenso. Was letztlich zählt, sind das Produkt und der Preis.

Kurt ist primär auf seinen wirtschaftlichen Vorteil bedacht. Sieht er drei verschiedene Imbissbuden, dann stellt er sich dort an, wo es am günstigsten ist. Er zählt die Fritten ab, die er für sein Geld bekommt, und rechnet den Stückpreis aus, um das Preis-Leistungsverhältnis zu ermitteln. Ihm kommt es auf das Optimum an. Er ist ein Fan von XXL-Restaurants. Es zieht ihn dahin, wo es die größten Portionen zum besten Preis gibt.

Schießen kurz vor den Sommerferien die Benzinpreise in die Höhe, regt Kurt sich nicht auf: So ist es eben mit Angebot und

Nachfrage. Klar kennt er die günstigste Tankstelle. Aber auf welchem Niveau die Preise sich auch immer eingependelt haben, für ihn ist das irgendwie fair. Die erhöhten Preise für Streugut nach dem ersten Schneeschauer sieht er genauso.

Emotionale Kriterien sind für Kurt irrelevant. Wenn er sich einen neuen Fernseher kauft, spielt es für ihn keine Rolle, ob Samsung Innovation oder Bang & Olufsen ein zeitloses Design verspricht. Sicher, die technischen Daten müssen stimmen, aber kaum zu Hause angekommen, überklebt Kurt das Markenlogo. Marken sind ihm egal.

Rationale Aspekte gehen Kurt dagegen über alles. Was sich messen lässt, misst er, zumal wenn es Geld kostet. Er lebt auf dem Land und arbeitet in der Stadt. Den längeren Weg zu seiner Arbeitsstelle erfasst er in Cent pro Kilometer, die er in seine monatlichen Ausgaben ebenso mit einbezieht wie Reifengeld, Abnutzung der Autositze und Verschleiß der Scheibenwischer. Und wenn das Verhältnis von Mietkosten zu Fahrtkosten schlechter wird, zieht er sofort um. Unter Einbeziehung der Umzugskosten natürlich. Trägheit, Nostalgie, Heimatverbundenheit und die freundliche Bäckereiverkäuferin an der Ecke: für Kurt keine Argumente.

Nichts lockt Kurt mehr als sein individueller Vorteil. Wenn er in einem anderen Laden einen Euro sparen kann, dann kauft er künftig dort ein. Verspricht ihm ein anderer Arbeitgeber ein höheres Gehalt, kündigt er seine bisherige Stelle. Kurt ist egoistisch. Und er reagiert auf jeden materiellen Anreiz. Widersprüche im Verhalten, ein Abweichen vom gewohnten Gang? Bei Kurt Fehlanzeige.

Bestimmt erkennen Sie Kurts Porträt.

Ja, genau.

Das sind Sie!

Kurt ist der Prototyp des *Homo oeconomicus*, ein Modell, das die Wirtschaftswissenschaft vom Kunden entworfen hat und das in Überlegungen von Politik und Wirtschaft eine zentrale Rolle spielt.

Bei näherer Betrachtung erinnert dieses Modell eher an eine Waschmaschine als an einen Menschen. Kurt ist rein mechanistisch steuerbar. Ein Roboter. Ein Androide. Wie Data aus *Star Trek.*

Zum Glück ist der Menschen aber immer noch Mensch, *Homo sapiens.* Mit eigenem Willen, eigenem Denken – eben alles andere als ein Sammelsurium von berechenbaren Wenn-dann-Effekten.

Egal, wie die Strategien von Politik und Wirtschaft aussehen. Egal, wie oft sie es auch versuchen. Nicht einmal im Jahr 2004 hat es geklappt. Erinnern Sie sich?

Heiliger Gral oder heiliges Grab?

»Bei Schnupfen geht man nicht sofort zum Arzt!«, pflegte mein Opa zu sagen. Die Hauptmotivation für sein ehernes Prinzip fußte freilich nicht auf dem Bestreben, dem deutschen Gesundheitssystem Kosten zu ersparen. Das überließ er der damaligen schwarzroten Mehrheit im Deutschen Bundestag – die dafür sorgte, dass gesetzlich Krankenversicherte ab dem 1. Januar 2004 pro Quartal und Arztbesuch eine sogenannte Praxisgebühr in Höhe von zehn Euro entrichten mussten.

»Ich spare mir zehn Euro, wenn ich zu Hause bleibe – also gehe ich nicht zum Arzt!«

Nicht mein Großvater war es, der so dachte, sondern diejenigen, die für die Praxisgebühr verantwortlich zeichneten. Aber selbst wenn künftig nur fünf Euro pro Quartal fällig gewesen wären – für jeden Hartz-IV-Empfänger war das genug Geld, um sich den Arztbesuch dreimal zu überlegen. Die Planer gingen davon aus, dass die Leute sich angesichts dieser Kosten schon zusammenreißen würden, wenn ihnen mal die Nase lief, um die Zwangsausgabe zu meiden. Die Idee dahinter war, das Gesundheitssystem zu entlasten: weniger Arztbesuche – weniger Behandlungen – weniger Kosten für die Kassen – weniger Beiträge für die Versicherten. So weit der Plan.

Er hätte aufgehen können. Das war die erste falsche Grundannahme.

Die zweite war, dass die Kassenpatienten samt und sonders vorhersehbar handeln würden. Dass sie auf Knopfdruck funktionieren würden, wie ein Automat. Dass sie alle so tickten wie Kurt, der Prototyp des *Homo oeconomicus,* und linearen Berechnungen folgten. Konkret, dass sie die zehn Euro als unnötige Ausgabe ansehen würden, die man sich sparen könne.

Inzwischen ist die Praxisgebühr Geschichte.

Das Vorhaben ging nach hinten los. Die erhofften Entlastungen waren marginal, zumal der bürokratische Aufwand in Form von Schulungen, Abrechnungssystemen, Infobroschüren usw. einen Großteil der Einnahmen wieder aufzehrte. Und ganz im Gegensatz zu den erwarteten leeren Wartezimmern kam es mittelfristig zu einem regelrechten Run auf die Arztpraxen. Die Versicherungsbeiträge der Kassenpatienten stiegen in den Jahren nach 2004 sogar um 2,5 Prozent.

Was war passiert?

»Wozu habe ich im Januar zehn Euro bezahlt?«, empörte sich mein Opa. »Das muss ich ausnutzen. In vier Wochen ist schon wieder April!«

Anstatt wie bisher unter dem Radar ärztlicher Überwachung zu fliegen, startete auch Opa einen regelrechten Kamikaze-Angriff auf seinen Hausarzt. Einmal erwischte ich ihn gerade noch per Telefon, als er das Haus in Richtung Praxis verlassen wollte – wegen eines blauen Flecks am Unterarm. Ich fragte ihn, ob das nicht übertrieben sei.

Nachdem die Eintrittsgebühr einmal entrichtet war, schien mein Opa auf den Geschmack des Patienten-Buffets gekommen zu sein, frei nach dem Motto: all you can eat. Eine Behandlungs-Flatrate sozusagen. Millionen von Kassenpatienten bundesweit taten es ihm gleich.

Nicht so Kurt – wenn es ihn denn gäbe. Doch zum Leidwesen

der Erfinder der Praxisgebühr ist Kurt nur ein Modell der Wirtschaftswissenschaft. Ein Pappkamerad, der nichts weiter kann als rechnen. Das Menschenbild, für das er steht, entspricht allerdings genau der Vorstellung jener Bürokraten, die sich die Praxisgebühr ausgedacht haben. Ihr *Homo oeconomicus* lässt sich durch Anreize beliebig steuern. Ihr Plan wäre nur aufgegangen, wenn jeder Mensch so funktioniert hätte wie Kurt.

Die erste Hürde, die ein Plan zu nehmen hat, ist also das Weltbild der Planer, sprich: das Szenario, das gegeben sein muss, damit der Plan überhaupt gelingen kann. Plan und Szenario müssen zueinander passen. Stichwort Mitarbeitervorschläge.

Dann kommt auch gleich die nächste Hürde: Alle im Plan angenommenen Wenn-dann-Beziehungen müssen in diesem Weltbild angelegt sein und so funktionieren, wie es der Plan vorgibt. Stichwort Dosenpfand.

Und schließlich noch die Bonus-Hürde: Jeder Einzelne muss dem Modell des *Homo oeconomicus* entsprechen. Was in der Realität nicht der Fall ist.

Die Clipper-Route

Drei Masten, 35 Segel mit Leinenstruktur, farbige Flaggen, detaillierte Holz- und Kupferplattennachbildung, genaue Decksbeplankung, Ankerwinden, Pumpen, ein Steuerrad und ein herrlich geschwungener Rumpf. Auch im Maßstab 1:220 macht der Schnellsegler *Cutty Sark* als Modellbausatz eine gute Figur. Im Englischen wurden diese Schiffe *clipper* genannt.

Die *Cutty Sark* war im 19. Jahrhundert eines der großen Handelsschiffe, die zwischen Europa und Ostasien, Australien und Neuseeland hin und her segelten. Das Schiff, das 1869 vom Stapel lief, war 85 Meter lang und 11 Meter breit. Die Besatzung bestand aus 28 bis 35 Mann. Die 3000 Quadratmeter Segelfläche ermöglichten eine Geschwindigkeit von gut 17 Knoten. In einem berühmten Rennen von Australien nach England schlug die »Cutty« alle anderen Schiffe, sie schaffte die Reise in 73 statt 80 Tagen und war damit knapp neun Prozent schneller als die Konkurrenz. In der Formel 1 würde das heißen, der Erstplatzierte überrundet den Zweiten.

Und vielleicht kennen Sie die Clipper aus dem Teeladen – auf den Dosen sind oft stolze Drei- und Viermaster abgebildet, die den Zauber der Windjammer-Vergangenheit verbreiten. Tee gehörte ebenso zu den Waren, die die Clipper transportierten, wie Postfracht, Wolle und Gewürze.

Die sogenannte Clipper-Route führte die Großsegler von Europa aus in den Südatlantik. An der Südspitze des afrikanischen Kontinents, dem Kap der Guten Hoffnung, bogen sie nach Osten ab und nahmen Kurs auf China oder Ozeanien. Die Rückreise führte meist durch den Südpazifik Richtung Osten, um das berüchtigte Kap Hoorn, das den südlichsten Punkt Lateinamerikas markiert, und anschließend durch den Atlantik zurück nach Norden.

Bis zum späten 19. Jahrhundert galt die Clipper-Route als wichtigster globaler Handelsweg. Schiffe wie die *Cutty Sark* mit ihrem schnittigen Rumpf und der gewaltigen Segelfläche waren bestens geeignet, um diese Route zu befahren. Und Werften wie Scott & Linton im schottischen Dumbarton spezialisierten sich auf den Bau dieser Schiffe. Der Markt war da, die Nachfrage groß, und Handel würde es immer geben. Wer die größten und schnellsten Clipper baute, der konnte nicht nur große Reichtümer einfahren, sondern sich auch der Wertschätzung der Kapitäne und Matrosen sicher sein.

Dann kam das Dampfschiff. Und plötzlich war die Welt nicht mehr die alte.

Zwar waren die ersten Dampfschiffe nicht unbedingt schneller als die Clipper oder die späteren Windjammer. Doch sie waren weniger auf Wind und Meeresströmungen angewiesen als jeder Segler, zudem weniger sturmanfällig. Mit dem Dampfschiff ließen sich Zeitpläne sehr viel genauer einhalten. Sie bedeuteten das Aus für die Clipper.

Die Grundannahme, dass Clipper großartig seien und immer gebraucht würden, stimmte plötzlich nicht mehr. Denn auf einmal waren Dampfschiffe großartig. Beständigkeit und Sicherheit schlugen Geschwindigkeit. Ganze Reedereien gingen pleite. Das Ende der Clipper-Route und der stolzen Segler, die sie befahren hatten, war erst recht besiegelt, als 1869 der Sueskanal und 1914 der Panamakanal eröffnet wurden. Fortan entfiel der wochenlange und gefährliche Umweg um Afrika und Südamerika.

Das Aufkommen des Dampfschiffs markierte mehr als eine normale technische Entwicklung. Eine einzige Erfindung, eine einzige Veränderung im vorhandenen Weltbild genügte, um alles zu verändern, um eine ganze Epoche aus den Angeln zu heben.

Das Schicksal der stolzen Clipper ähnelt dem vieler durchkreuzter Pläne. Man kann mit dem richtigen Weltbild einen Plan entwerfen. Man kann sich mit dem richtigen Weltbild auch an die Realisierung eines Plans machen. Aber man ist nicht davor geschützt, dass sich das Weltbild verändert, *während* man dem Plan folgt. In diesem Fall wird dem Plan während seiner Realisierung der Boden unter den Füßen weggezogen. Der Plan geht plötzlich nicht mehr auf, sobald die Wirklichkeit sich fundamental verändert. Das Weltbild stimmt dann nicht mehr, und damit ist auch die Voraussetzung für den Plan entfallen. Das heißt, der Plan war richtig, und die Voraussetzungen, unter denen er gemacht wurde, waren es auch. Bis ihm ein Paradigmenwechsel jede Grundlage entzieht.

Diesem Phänomen fallen gut eineinhalb Jahrhunderte nach den Clippern nun ganz andere Konstruktionen auf hoher See zum Opfer. Beflügelt vom Atomausstieg der Bundesregierung avancierten riesige Windparks zu den Hoffnungsträgern der Energiewende. Und der Investoren. Die 80 geplanten Windräder des Parks »Bard Offshore I« vor Borkum waren mit einem Investitionsvolumen von 1,5 Milliarden Euro ein Großvorhaben – das nicht nur Rückenwind für die Energiewende sein, sondern den Kapitalgebern auch eine gehörige Rendite bescheren sollte. Bis zu jenem Tag im Jahr 2013, an dem die Bundesregierung begann, über eine Strompreisbremse zu diskutieren, womit den Investoren mit ihren hochfliegenden Plänen ein Strich durch die Rechnung gemacht wurde. Seitdem sind sämtliche Investitionen eingefroren und rosige Erfolgsaussichten nur noch vergangene Träume.

An den Clippern selber hat sich nichts geändert. Gar nichts. Sie waren vor der Erfindung des Dampfschiffes großartige Werke der Ingenieurskunst. Und auch danach. Aber sie waren eben nur vor der Erfindung des Dampfschiffes ein unglaublich begehrtes Transportmittel. Danach waren sie nur noch beliebt als Motiv für Teedosen und Vorlage für Modellbausätze.

Geben wir dem Glauben an unsere Pläne dennoch eine Chance und fragen noch einmal: Welche Voraussetzungen müssen eigentlich gegeben sein, damit Pläne aufgehen?

Da gibt es den Vertriebsmitarbeiter, dessen Plan für den Monatsumsatz ein Höchstmaß an Kreativität erfordert. Wurde das Planziel nicht erfüllt, bittet er einen Kunden, mit dem er gut bekannt ist, um eine weitere Bestellung – und um einen Anruf irgendwann später, um sie wieder zu stornieren. Ist der geplante Umsatz von 10 000 Euro dagegen längst erreicht und geht noch eine Bestellung ein, dann bittet er den Kunden darum, die Bestellung offiziell erst im nächsten Monat aufzugeben – um sich die »überzähligen« 2000 Euro Umsatz bis dahin aufzusparen. Die Lieferung erfolgt natürlich trotzdem prompt.

Solche Praktiken gehen weit über ein bisschen Trickserei hinaus. Der Vertriebsmitarbeiter handelt nicht mehr im Sinne des Kunden, geschweige denn im Sinne des Unternehmens, sondern einzig und allein im Sinne des Plans. Er huldigt den Regeln. Der Plan ist das goldene Kalb. Und das scheint so golden in der Sonne, dass es den Betrachter blendet: ein aufgegangener Plan – heile

Welt pur? Wie sehr kann sich ein Unternehmen freuen, wenn es die fest eingeplante Umsatzsteigerung von fünf Prozent innerhalb von zwölf Kalendermonaten geschafft hat – um sodann festzustellen, dass der Umsatz der Konkurrenz im selben Zeitraums um zehn Prozent gestiegen ist? Das Soll wurde grandios erreicht, aber ist das Unternehmen damit auch wirklich besser als vorher? Anders ein Unternehmen, das seine Planziele um ein Fünftel verfehlt hat, während der Umsatz der gesamten Branche um die Hälfte einbrach. Trotz des verfehltes Ziels kann von Totengräberstimmung dort nicht die Rede sein.

Ob ein Plan aufgeht oder nicht: Darüber entscheidet hier nur, ob die interne Referenz, also das eigene Ziel, erreicht wurde – oder nicht. Die Einhaltung des Plans sagt aber nichts über den tatsächlichen Erfolg des Plans aus. Da kann der Vertrieb noch so viel tricksen.

Willkommen in der Welt auf Schienen!

Einen perfekten Plan gibt es nur in einer Welt auf Schienen, in der sich nichts ändert. Oder die tot ist, wie die verstorbenen Adivasi, die wir zu Beginn des Kapitels kennengelernt haben. Ihre Welt kann sich nicht verändern. Sie ist starr, weil sie nur in ihrem Glauben existiert und das Glaubensweltbild, das ihrem Plan zugrunde liegt, sich nicht ändert. Der Untote wird niemals ein Dorf erreichen.

Kompliziert.

So nenne ich solche Systeme, in denen alle Faktoren und alle Einzelelemente nach dem Prinzip von Ursache und Wirkung miteinander verbunden sind. Kompliziert setzt hier nicht zwingend voraus, dass solche Systeme immer übersichtlich sein müssen. Aber komplizierte Systeme sind immer objektiv: Unter denselben Voraussetzungen laufen die Prozesse in ihnen immer gleich ab. Und damit sind sie mit Wissen beherrschbar: Desto genauer ich die Abläufe kenne, umso besser kann ich sie auch vorhersehen und regeln.

Komplizierte Systeme sind also steuerbar. Wenn beispielsweise zwei Uhrmacher dieselbe defekte Uhr untersuchen, werden sie garantiert denselben Fehler finden und können ihn dann auch wirklich beheben und das gewohnte System aus Rädern, Unruh und Feder wieder in die festen Ursache-Wirkung-Zusammenhänge bringen, um die Zeiger in Gang zu setzen.

Das Problem von scheiternden Plänen ist, dass sie von einer Wirklichkeit ausgehen, die durchweg kompliziert ist. Unabhängig von Berechnungen und Erwartungen in Plänen und Annahmen über die Zukunft soll sich doch, bitte schön, alles so entwickeln, wie gedacht.

Dumm nur, dass die Welt da nicht mitspielt. Und sich Märkte nicht an Pläne halten. Und Menschen sich von Dosenpfand und Verbesserungsvorschlagsprämienkonzepten nicht beeindrucken lassen. Und Kitas zwar volle Ablasshandel-Kassen haben, aber keine pünktlich eintreffenden Kinder. Die Welt ist eben nicht durchweg kompliziert. Nur wollen die Menschen das meist nicht wahrhaben. Sie glauben fest an ihren Plan, und wenn er nicht passt, wird die Realität eben passend gemacht.

Nichts geht mehr

Auf der Tagung eines Lebensmittelherstellers hörte ich neulich den aufschlussreichen Vortrag eines der führenden Manager. »Wie Sie wissen, sind wir dabei, von einem Zweijahres- auf einen Fünfjahresplan umzusteigen«, begann er, um zunächst die Ziele zu erläutern: »Wir erwarten beständigere Anlagen, nachhaltigere Entscheidungen und die Vorteile vorausschauenden Handelns. Nur so können wir den gestiegenen Erwartungen der Konsumenten, unserer Mitarbeiter und der Kapitalgeber an den Konzern wie uns auf Dauer gerecht werden …«

Schließlich kam der Referent auf die geplanten Umsätze, Kosten und Erträge zu sprechen, dargestellt anhand einer schicken

PowerPoint-Folie. »Grundlage dafür sind die Rohstoffe unserer globalen Partner«, sagte er. »Hafer, Weizen, Mais ...« Am Rand der Folie fand sich in Klammern ein winziger Hinweis, den der Referent nicht eigens erwähnte: »Die Zahlen basieren auf dem prognostizierten mittleren Dollarkurs von 1,35, der als planungsverbindlich gilt!« Trotzdem applaudierten die anwesenden Mitarbeiter, kaum dass die Präsentation vorbei war.

Ich konnte es mir nicht verkneifen, bei meinem eigenen Vortrag die Tatsache anzusprechen, dass einige Rohstoffe für Lebensmittel in US-Dollar bezahlt werden und die Unternehmensplanung für die nächsten fünf Jahre von einem festen Dollarkurs ausginge:

> *»Schön, dass Sie Ihr Firmenvermögen auf den Dollarpreis in fünf Jahren verwetten. Denjenigen Ihrer Manager, die für diese Prognosen verantwortlich sind, ist zu gratulieren: Sie sollten fünf Jahreslöhne auf den Dollarpreis setzen. Und auf den Ölpreis gleich dazu! Wenn schon das Schicksal Ihrer Company davon abhängen soll, warum dann nicht auch Ihr privates Hab und Gut? Sie machen todsicher ein gutes Geschäft!«*

In der Antike musste ein Baumeister unter der Brücke schlafen, die er konstruiert hatte. Nur diejenigen Senatoren durften für den Krieg stimmen, die auch mindestens einen eigenen Sohn in die Schlacht schickten. Ob nun im Parlament, unter dem Brückenträger oder auf der Kekskonferenz – die Gretchenfrage ist überall dieselbe. Sie lautet: »Glaubt ihr an eure Pläne, oder glaubt ihr nicht daran?«

Seien wir ehrlich – wir alle kennen Pläne, die nicht aufgehen. Große wie bescheidene. Wenn Sie im Urlaub einen Badetag am Strand einplanen, kann es passieren, dass der buchstäblich ins Wasser fällt. Weil es regnet. Aber es gibt auch schwerwiegendere Beispiele für gescheiterte Planungen.

Ich mache den Menschen, die für Planungssicherheit sorgen sollen, keinen Vorwurf. Das ist nun mal ihr Job, dafür werden sie bezahlt. Einen Vorwurf mache ich eher denen, die die Planung in Auftrag gaben und sie dann auch ernst nehmen. Denn sie sorgen dafür, dass Konzerne, Unternehmen, Organisationen, Abteilungen und Arbeitsgruppen sich auf die Pläne als Sicherheit verlassen. Ein trügerisches Vertrauen. Denn auch der schönste Plan kann niemals ein Garantieversprechen geben. Planungssicherheit gibt es nicht.

Und doch glauben Menschen daran. Wenngleich Profis insgeheim wissen, dass Pläne niemals zu hundert Prozent aufgehen. Aber wenn sie nur Firmengeld kosten – was soll's. Aber das eigene Gehalt verwetten sie lieber nicht.

5. Wie Brandschutz Brände verursacht

253:
Verbot für Kraftfahrzeuge mit einer zulässigen Gesamtmasse über 3,5 Tonnen, einschließlich ihrer Anhänger, und Zugmaschinen, ausgenommen Personenkraftwagen und Kraftomnibusse
1006-39:
Eingeschränktes Lichtraumprofil durch Bäume
206:
Halt! Vorfahrt gewähren
242.1
Beginn einer Fußgängerzone

Wenn Ihnen das nichts sagt, möchte ich nicht Ihr Beifahrer sein. Denn das sind Verkehrsschilder mit zugehöriger Straßenverkehrsordnungsnummer. Davon gibt es eine Menge, und dahinter steckt ein ganzes System. Es schadet übrigens nicht, wenn Sie die Schilder beachten. Übersehen können Sie sie nicht. Es gibt rund 20 Millionen Schilder in Deutschland. Bei fast 60 Millionen Fahrzeugen in Deutschland macht das etwa drei Schilder für jedes Vehikel.

Und die Schilder vermehren sich.

Das klingt so, als ob es eine Schilder- und Ampel-Lobby in Deutschland gäbe. Was ja auch naheliegend ist. Denn im Laufe der letzten Jahrzehnte wurden immer mehr Schilder und Ampeln installiert, besonders an Gefahrenstellen mit erhöhter Unfallquote. Pfosten und Sicherheitsbaken sprießen wie Pilze aus dem Boden. Wie Algengeflechte wuchern Leitplanken und Fahrbahnmarkierungen. Und trotzdem sinken die Unfallzahlen nicht signifikant.

Der ADAC zählte im Jahr 2008 2 293 663 polizeilich erfasste Unfälle in Deutschland, 2012 waren es 2 401 843 Unfälle. Dazu war im selben Zeitraum der Bestand an zugelassenen Fahrzeuge von 49 330 037 auf 52 391 012 angewachsen. Mehr Fahrzeuge – mehr Unfälle. Diese Rechnung ist so einfach wie logisch. Aber betrachte ich die Zahl der Unfälle pro Fahrzeug, hat sich trotz des wachsenden Schilderwaldes die Unfallzahl kaum senken lassen – zumindest nicht so stark, wie vielleicht erhofft: Auf Grundlage der ADAC-Zahlen kommt man auf etwa 0,0465 Unfälle pro Auto im Jahr 2008 und auf 0,0458 im Jahr 2012.

Auch wenn in den letzten Jahren verstärkt Kreisverkehre eingerichtet worden sind, geht der Trend klar zum Zweit- und Drittschild auf den Straßen. Studien und Verkehrszählungen werden in Auftrag gegeben. Zahlreiche neue Ampelanlagen werden eingerichtet und bestehende Anlagen endlos nachgerüstet. Wie zum Beispiel am Krähbuckel, einer berüchtigten Gefahrenstelle im Rhein-Neckar-Kreis, an der im September 2012 der Hoffenheimer Fußballer Boris Vukčević schwer verunglückte. Als Konsequenz stellten die Verkehrsplaner weitere Schilder auf. Der Schilderwald am Krähbuckel ist noch einmal gewachsen.

Schildbürgerglück

Im Grunde ist das, was auf Deutschlands Straßen mit Verkehrsschildern und -regeln angestellt wird, nur konsequent. Denn schließlich gilt es etwas zu organisieren. Das Ziel lautet, eine klare Ordnung und geregelte Abläufe herzustellen. Und dazu reflektieren wir unsere Praktiken anhand der gemachten Erfahrungen. Wir dokumentieren Ausnahmen und besondere Ereignisse. Wir analysieren Fehler und führen Statistiken. Und wir stellen mehr Regeln auf und entwickeln einen Maßnahmenkatalog.

Kurzum: Wir versuchen mit Hilfe von Regeln Verhalten zu lenken. Die Regeln sollen ermöglichen, ein gewünschtes Verhalten vorherzusagen. Das Versprechen dahinter ist verheißungsvoll: Je präziser wir die Wirklichkeit kennen, je genauer wir Prozesse und Prozessabweichungen dokumentiert haben, umso zutreffendere und zielgenauere Regeln können wir aufstellen und damit Handeln steuern. Wenn die Stadtverwaltung an einer gefährlichen Kreuzung ein Stoppschild aufstellt, geht sie davon aus, dass die Verkehrsteilnehmer künftig mehr Vorsicht walten lassen, wenn sie die Kreuzung überqueren. Je genauer Dinge beschrieben werden, zu desto besseren und wiederholbareren Ergebnissen führen sie.

Getreu dieser Logik umfassen die Prozesshandbücher mancher Unternehmen mehrere Ordner. Andere sogar ganze Aktenschränke. Dokumentationen, in denen Firmen und Behörden alles akribisch festhalten, was es im Tagesgeschäft festzuhalten gilt, können gigantische Ausmaße annehmen. Es gibt die unterschiedlichsten Prozesse – von technischen über vertriebsrelevante Prozesse bis hin zum Prozess für die Prozessbeschreibung. Für jeden einzelnen Prozess gibt es Normen, die in Handbüchern festgeschrieben sind.

Die Entwicklung dieser Handbücher kennt nur eine Richtung: Sie werden immer dicker. Sie müssen mit den Veränderungen der äußeren Welt Schritt halten, um halbwegs ernst genommen zu werden. Also wird jede Umstellung dokumentiert. Ein Kunde, dessen Bestellung bereits bearbeitet wird, will einen Tag vor dem Versand die Produktfarbe wechseln? Wird dem Wunsch überhaupt stattgegeben und falls ja, wie soll er bearbeitet werden? Für so einen Fall wird eine allgemeingültige Vorgehensweise entwickelt und ins Prozesshandbuch übernommen. Oder ein Kunde ruft bei der Hotline einer Großbank an. Eine Anfrage zu einem geschlossenen Immobilienfonds in Südostasien. Die Dame in der Telefonzentrale findet dazu niemanden in der Adressdatei des Unternehmens. Also braucht die Bank ab sofort eine neue Regelung, wer für diese Region zuständig ist. Und die Prozessdokumentation ist um einen Eintrag reicher. Einen Tag später meldet sich ein weiterer Anrufer, der den Spezialisten für Fonds auf den Philippinen sucht.

Wieder kein Treffer. Aber eine bewährte Lösung: noch ein Eintrag. Oder vielleicht gleich die Einführung einer übergeordneten Qualifikations- und Zuständigkeitsmatrix samt Regelung der Urlaubsvertretung.

Der Umfang des Prozesshandbuchs wächst mit jedem Tag. Schließlich spielt jeden Tag eine neue Dynamik in die laufenden Prozesse hinein, die irgendwie bewältigt sein will. So errichten Unternehmen, Behörden, Arztpraxen, Stadtplaner, Veranstaltungsorganisatoren und Entsorgungstechniker eine ganze Armada von klaren Handlungsanweisungen für den Fall, dass Ereignis A eintritt und man Zustand B erreichen möchte. Schließlich haben solche vorgeschriebenen Handlungsmuster in der Vergangenheit ihre Wirksamkeit bewiesen.

Und tatsächlich: Solche Prozessdokumentationen und Regelwerke sehen gar nicht schlecht aus. Der Mensch hat gelernt, Prozesse genau zu beobachten und zu beschreiben. Er versucht, Abläufe und Entwicklungen immer noch präziser festzuhalten, um Verhalten exakter vorherzusagen und damit Handeln noch effektiver zu steuern. Er unternimmt diese Anstrengung, um die Realität planbarer zu machen. Aber ist die Wirklichkeit tatsächlich so berechenbar?

Lassen wir mal die Theorie auf die Wirklichkeit los.

Riesenbarbecue

»Verheerende Waldbrände in Kalifornien« – diese Schlagzeile gehört inzwischen ebenso zu den medialen Standardthemen wie plagiierte Doktorarbeiten von Politikern oder die Erste-Mai-Randale in Kreuzberg.

Aber warum eigentlich? Und warum müssen es in den Medien immer gleich Jahrhundert- oder gar Jahrtausend-Waldbrände sein? Schließlich gab es in Kalifornien schon immer Waldbrände. Sie sind kein neues Naturphänomen. Und erst recht auch keine menschliche Erfindung. Schon bevor Menschen dort siedelten, brannte es gelegentlich. Und auch heute braucht es dort zu einem Waldbrand weder Brandstifter noch vernachlässigte Lagerfeuer. Ein Blitzschlag reicht. Die meisten Brände ereignen sich im Sommer und Herbst. Zu dieser Jahreszeit übersteigen die Tagestemperaturen oftmals die 35-Grad-Celsius-Marke. Staubtrockene Luft und starke Föhnwinde begünstigen die Ausbreitung der Flammen.

Solange sie etwas Brennbares finden.

Sobald das Brennmaterial ausgeht, gehen auch die Feuer aus. Für höhere Büsche und Wälder sind die Flammen dankbar. In Grasland und halbhohem Gestrüpp geht das Feuer aus, weil es keine Nahrung bekommt. Das Prinzip dahinter: Solange die Vegetation unterschiedlich ausfällt, ist der Aktionsradius eines Feuers durch die Natur begrenzt.

Dann kam der Brandschutz.

Mitte der Fünfzigerjahre des vorigen Jahrhunderts kam es zu einer wahren Aufrüstung der Feuerwehr. Riesige Löschflugzeuge und später auch Helikopter boten den Flammen fortan direkt am Brandherd die Stirn. Mittels Hochleistungspumpen erzeugte Wasser- und Schaumkanonen sowie schweres Räumgerät sprachen im Kampf gegen die Flammen nun eine ganz andere Sprache. Die Idee dahinter: Das Feuer sollte so früh wie möglich bekämpft und gelöscht werden, damit der Schaden am Wald so gering wie möglich bleibt.

Man möchte ein Problem gleich an der Wurzel packen, um zu verhindern, dass es schlimmer wird. Die Ausgangslage ist klar: Wir haben einen Brand und eine Wetterlage, welche die Ausbreitung der Flammen unterstützt. Das Ziel ist ebenso klar: Der Brand soll eingedämmt und der Schaden so gering wie möglich gehalten werden. Und auch der Prozess ist klar: Schweres Gerät und Löschflugzeuge müssen eingesetzt werden. Eine mustergültige Situation für klares Verhalten.

Doch es gibt ein Aber.

Zwar wurden die Feuer fortan schneller gelöscht, und der Schaden wurde klein gehalten. Sprich: Die Mission war erfolgreich, weil die Fläche an verbrannter Erde immer kleiner wurde.

Aber zugleich begann hier ein verhängnisvoller Weg. Denn es entstanden nicht kleine Schneisen mit niedrigem Bewuchs, vielmehr wuchsen niedrige Sträucher zu großem Gehölz, und kleine Bäume wurden große. Die Speisekammer für die Flammen füllte sich also zusehends – mit jedem schnell gelöschten Waldbrand. Natürliche Begrenzungen? Die waren Geschichte. Nun musste nur noch ein Waldbrand kommen und sich an den gedeckten Tisch setzen.

Was war eigentlich geschehen? Nun, der Fehler lag im System, oder besser: im Umgang mit einem System.

Wasserbomben

Die Feuerwehrleute wollten bessere Lösungen der Brandbekämpfung entwickeln. Stattdessen haben sie das Problem der Waldbrände noch zusätzlich befeuert. Mit ihren neuen Methoden haben sie es den Bränden erst ermöglicht, sich zu Flächenbränden auszuwachsen.

Die Waldbrände haben uns direkt zur Systemtheorie geführt. Und uns in der Frage, warum unsere Interventionen zwar nicht wirkungslos bleiben, aber oftmals das genaue Gegenteil des Beabsichtigten bewirken, etwas weitergebracht.

Denn so sehr genaue Prozessabläufe und Handlungsanweisungen auch den Eindruck von Präzision erwecken: Jede noch so kleine Änderung an einem System ist nicht automatisch nur eine kleine Änderung. Denn sobald ein Aspekt innerhalb eines größeren Zusammenhangs geändert wird, verändert sich das System als Ganzes. Wenn man an einer Stellschraube dreht, lockern sich drei andere. Zieht man eine wieder an, lösen sich die nächsten – ein Teufelskreis. Oder ein Engelskreis (ja, den gibt's!). Die Dynamik in komplexen Systemen kann sich stets positiv wie negativ auswirken. Nur ist schwer vorherzusagen, welche Mechanismen im Hintergrund wirken. Ob sich eine Änderung positiv oder negativ auswirkt, ist unbekannt.

Methoden der Statistik und der Versuchsplanung kennen den Begriff der einfaktoriellen Veränderung. Ein einfacher Prozess besteht beispielsweise aus den Arbeitsschritten 1 bis 6. Eine einfaktorielle Veränderung des Prozesses würde bedeuten, nur einen einzigen Schritt – sagen wir, Nummer drei – durch einen anderen zu ersetzen, etwa durch 3A. Danach werden der Prozess und sein Ergebnis beobachtet: Hat die einzelne Veränderung etwas bewirkt, und wenn ja, wie sieht der Effekt genau aus?

Leider ist die Idee der einfaktoriellen Veränderungen in komplexen Systemen eine Illusion. Man kann in solchen Systemen nie nur einen einzelnen Aspekt ändern, ohne damit gleich das ganze System zu ändern.

Stellen Sie sich ein komplexes System vor wie eine Wasserbombe. Drücken Sie mit dem Daumen dagegen, entsteht eine Delle. Auf den ersten Blick ist diese Delle nur punktuell vorhanden. Aber das Wasser muss ja irgendwohin. Anstatt das Wasser zu komprimieren, verformt der Druck die ganze Wasserbombe. Die Form verändert sich vollständig, und die Gesamtspannung der Ballonhaut steigt.

Eine einfaktorielle Veränderung vorzunehmen ist, wie mit dem Finger eine Delle in eine Wasserbombe zu drücken. Man kann nicht verhindern, dass sich das ganze System strukturell verändert. Egal, worin die einzelne Veränderung besteht – sie stellt eine Beeinflussung der gesamten komplexen Systemstruktur dar.

Das Verhalten eines komplexen Systems, wie es der Wald darstellt, ist nicht vorhersehbar. Ein Wald verändert sich über Generationen hinweg, über Jahrzehnte, Jahrhunderte. Die Bäume, die heute gefällt werden, wurden vor Generationen angepflanzt. An Faktoren, die auf das Ökosystem Wald einwirken, mangelt es nicht:

Klimawandel, Bewirtschaftung, Belastung durch den Bevölkerungsdruck und Siedlungsbau, Freizeitverhalten der Menschen oder Entwicklungen in der Tierwelt, etwa wenn es mehr Wildschweine gibt, die Samen und kleine Bäumchen vertilgen. Oder Rehe, welche die Knospen junger Bäume wegfressen. Doch bleiben wir beim Faktor Waldbrand: Selbst wenn die Feuerwehrleute vermeintlich nur diesen einen Faktor verändern, indem sie die Feuer eben früher löschen, beeinflussen sie das System Wald damit lediglich, können es aber nicht steuern oder kontrollieren. Die starken Winde tragen Funken und brennende Partikel über die Schneise hinweg: Das Feuer greift über. Oder das Gegenfeuer gerät außer Kontrolle. Und plötzlich ist der Löschtrupp von Flammen eingeschlossen …

Einen Faktor zu verändern bedeutet also noch lange nicht, das System in den Griff zu bekommen. Dazu sind Systeme von viel zu vielen Faktoren abhängig, die miteinander zusammenhängen wie die Knoten eines Fischernetzes. Greift der Mensch bei nur einem Faktor ein, bewirkt er automatisch, dass sich weitere ändern. Und wie diese das gesamte System ändern, ist nicht vorhersagbar. Wie beim Waldbrand.

Das Fiese: Kalifornische Waldbrände gibt es auch in hiesigen Firmen und Institutionen.

Bei einem Kabelhersteller, nennen wir ihn Schneider GmbH, gibt es eine interne Beratungsstelle unter der Leitung von Frau Gehrke. Ihr Team ist für den Konfektionierungsprozess zuständig. Laufende Umstrukturierungen sollen den Output verbessern. Bei ihren Veränderungen geht Frau Gehrke einfaktoriell vor.

Zunächst bestimmt sie einen Springer zwischen den einzelnen Arbeitsplätzen. Nach zwei Wochen analysiert sie die Resultate, um zu sehen, was an der Neuerung positiv und was eher kontraproduktiv gewirkt hat. Fazit: Das Positive überwiegt – nur dank dieser einen Veränderung.

Als Nächstes weist Frau Gehrke jedem Mitarbeiter einen bestimmten Arbeitspartner zu. Auch die Effekte der neu eingeführten Zweierteams werden nach einer bestimmten Zeitspanne zusammengetragen und analysiert. Die Teamleiterin stellt fest, dass sich die Effizienz zwar verändert, aber nicht wesentlich verbessert hat – nur aufgrund dieser einen Veränderung.

Wrong Turn!

Der Denkfehler von Frau Gehrke bestand darin zu glauben, ja vorauszusetzen, dass jede Veränderung tatsächlich »einfaktoriell« gewesen sei. Dabei übersah die Teamleiterin, dass sie mit dem Einsatz eines Springers das gesamte Sozialgefüge der Gruppe ummodelte!

Das Team von Frau Gehrke ist – wie jede Gruppe, die aus zwei oder mehr Personen besteht – ein soziales System, dessen Struktur sich durch die Ernennung eines Einzelnen zum Springer einmal komplett im Kreis gedreht hat. Fast wie die hellen und dunklen Teigschichten eines Marmorkuchens, durch die der Bäcker einmal den Löffel zieht. Dasselbe gilt für die Bildung von Zweierteams, allerdings in grotesk verschärfter Form. Als hätte Frau Gehrke das Rührgerät auf Turbostufe in den Kuchenteig getaucht.

Man kann nie nur einen einzigen Aspekt verändern. Zu glauben, dass das funktioniert, bedeutet, ein Denkmuster, das in komplizierten Umgebungen funktioniert, auf ein komplexes System anzuwenden.

Jede Einzelveränderung beeinflusst zwangsläufig das Gesamtsystem. Denn unsere Welt ist mehr als nur kompliziert. Das heißt konkret: Kompliziertes ist mit Wissen beherrschbar. Es ist steuerbar. Alle Faktoren und Einzelelemente hängen kausal zusammen, beherrscht vom Prinzip »Ursache und Wirkung«. Dem Laien mögen komplizierte Systeme als unübersichtlich erscheinen. Für den Experten, der über Wissen zur Problemlösung verfügt, sind sie nicht schwierig. Ein Elektriker kann ohne weiteres ein gesamtes Haus mit Elektroleitungen, Lichtschaltern und Sicherungen versehen. Wer ein kompliziertes System kennt, kann es steuern. Dazu muss er die Beziehungen innerhalb des Systems genau kennen. Der Experte kann ein kompliziertes System an einer Stelle verändern, ohne dass sich gleich das gesamte System verändert. Ob der Elektriker eine Steckdose mehr oder weniger im Haus verlegt, muss nicht gleich Auswirkungen auf die gesamte Elektronik und Sicherungstechnik haben.

Komplizierte Systeme sind immer objektiv: Unter denselben Voraussetzungen funktionieren sie immer gleich. Eine Maschine, beispielsweise eine Flaschenabfüllanlage in einer Brauerei, kann 1800 Flaschen pro Stunde befüllen – und wenn beständig Strom, leere Flaschen, das Bier aus den Tanks und die Kronkorken-Rohlinge zugeführt werden, lässt sich damit auch gut planen. Es ist ein kompliziertes System, aber es hält gewissermaßen still, verändert sich nicht.

Allerdings ist die Welt keine Flaschenabfüllanlage! Sie entspricht nicht dem Modell, das wir von ihr entworfen haben. Im Gegenteil: Sie ist kein kompliziertes System, denn es gibt viel zu viele Faktoren, die den Lauf der Welt beeinflussen. Die reichen weit über das Verhalten einzelner Menschen, von Staaten, ganzen Staatensystemen, Religionen, Finanz- und Wirtschaftssystemen hinaus. Manchmal genügen schon kleine Anlässe, um ein System ins Wanken zu bringen. Das zeigt die Geschichte immer wieder: Der Prager Fenstersturz von 1618 war der Auslöser des Dreißigjährigen Krieges, der die politischen und gesellschaftlichen Strukturen in Europa für immer verändert hat. Diese langfristigen Folgen hatte sicher keine der Kriegsparteien, ob reformiert oder katholisch, im Sinn, als sie aufeinander losstürmten.

Die Welt ist nicht einfach und vorhersagbar. Sie ist komplex, das heißt, überraschend und unvorhersehbar. Und noch viel weniger vorauszuplanen, zu beherrschen, zu managen. Sie verhält sich auch nicht nach Regeln. Der Lauf der Dinge schert sich nicht um Prozesshandbücher.

Damit hätten wir schon einen wichtigen Aspekt gefunden: Wenn ich mit linearen Plänen auf die Wirklichkeit Einfluss nehme, dann erreiche ich vielleicht mein Ziel – aber ich weiß nicht, was ich dabei noch bewirke. Dass der Plan aufgeht, kann Zufall sein. Komplexe Systeme zu beherrschen ist ungefähr so aussichtsreich wie der Wunsch, sich seine leiblichen Eltern selber aussuchen zu können.

Wohin ein allzu trotziger Versuch führen kann, will ich Ihnen gerne zeigen.

Großbestellung für einen Sarkophag

Freitag, 25. April, 23.10 Uhr. Ein längst überfälliger Sicherheitstest steht an. Der Operateur leitet die ersten Schritte ein. Die Leistung der Anlage ist bereits auf nur ein Prozent gesunken; jetzt wird das Notkühlsystem isoliert, um zu vermeiden, dass automatisch Kühlwasser eingespeist wird, falls die Melder Alarm geben. Erlaubt ist eigentlich nur ein Betrieb über 25 Prozent.

Nacht auf Samstag, 26. April. Die Anlage verhält sich extrem instabil. Der Operateur schreitet ein und steuert den Reaktor per Hand. Die Leistung steigt zwar auf sieben Prozent, ist aber noch viel zu gering. Alle Bremssysteme werden ausgehebelt und die Notsignale deaktiviert. Wie im Versuchsablauf vorgesehen, überbrückt der Operateur weitere Warnsignale des Kühlsystems. Dann startet er den vorgesehenen Sicherheitstest, indem er die Turbinen auslaufen lässt. Deren restliche Rotationsenergie soll die knappe Minute bis zum Anspringen der Notstromaggregate überbrücken. Falls das klappt, gilt der Versuch als erfolgreich.

Auf einmal steigt die Leistung der Anlage um ein Vielfaches. Der Schichtleiter befiehlt die Notabschaltung. Die Anlage herunterzufahren dauert 20 Sekunden. Trotz eingeleiteter Abschaltung erhöht sich die Leistung der Anlage binnen Sekundenbruchteilen auf das Hundertfache der Nennleistung.

Eine Explosion.

Eine zweite Explosion.

Radioaktive Wolken.

Im Jahr 2015, also 29 Jahre nach diesen Ereignissen, soll der neue Sarkophag für den havarierten Reaktorblock von Tschernobyl fertig sein.

Der Sicherheitstest im April 1986 war eine planmäßig vorgesehene Wartungsmaßnahme. Dazu zählten das Herabfahren der Reaktorleistung ebenso wie das teilweise Außerkraftsetzen des Kühlsystems. Wäre der Versuch reibungslos vonstatten gegangen, wären nach dem Auslaufen der Turbinen die Notstromaggregate angesprungen. Den Reaktor hätte man während der ganzen Zeit mit angezogener Handbremse weiter vor sich hin brodeln lassen. Er wäre nicht »prompt überkritisch« geworden, wie es im kerntechnischen Fachjargon heißt. Es hätte keine Kettenreaktion stattgefunden und schon gar kein GAU. Der gesamte Prozess wäre abgelaufen wie geplant. Die Meldung des Operateurs bei Tagesanbruch nach Kiew – »Alles völlig normal!« – wäre keine glatte Lüge gewesen.

Und wer einmal lügt …

Bei dem Unfall von Tschernobyl kamen bedeutende Faktoren zusammen, die über die technische Komplexität eines Atomkraftwerkes hinausgehen. So sollte der Test ursprünglich um 14 Uhr starten. Aber die Kraftwerkskontrolle meldete eine unvorhergesehene starke Energienachfrage. Daher musste Tschernobyl weiter Strom produzieren. Der von den Operateuren ungeliebte Test für die Moskauer Elektroingenieure, die schnellstmöglich Ergebnisse sehen wollten, startete also mit Verspätung.

Hinzu kam, dass der Reaktor auf Handbetrieb umgeschaltet wurde. Offensichtlich übersteuerte der Operateur. Das wäre jedem anderen Operateur auch passiert. Übersteuerung ist ein typischer Fehler von Menschen, die mit dynamischen Systemen umgehen. Sie gehen nicht von der Entwicklung des Systems aus. Sie betrachten nicht die Zeitdifferenz zwischen zwei aufeinanderfolgenden Zeitpunkten, sondern lediglich den zwischen den jeweiligen Zeitpunkten feststellbaren Zustand. Sie regulieren also den Zustand und nicht den Prozess. Das führt dazu, dass sich das Eigenverhalten des Systems und die Steuerungseingriffe überlagern. Das System überschießt. Im Fall von Tschernobyl führte das zur Explosion des Reaktors.

Eigentlich hätten die Operateure wissen müssen, welche Gefahren ihnen drohten. Und sie wussten es auch. Aber sie kannten die Gefahr nur theoretisch. Sie besaßen keinerlei Erfahrung, wie sich ein Reaktor in diesem Zustand verhält. Und erst recht hatten sie keine anschauliche Vorstellung davon, was passieren würde …

Dabei kannten die Operateure natürlich auch die Sicherheitsvorschriften. Niemals hätten sie den Reaktor mit einer Leistung von weniger als 25 Prozent betreiben dürfen. Aber mit den Sicherheitsvorschriften ist das so eine Sache. Jeder weiß, dass sie streng sind. Aber es gibt immer Spielraum. Spielraum, den man gerne ausnutzt. Denn er erleichtert das Leben. Die Operateure verstießen vermutlich schon vor dem Unfall gegen Sicherheitsvorschriften. Ein fataler Lerneffekt setzte ein: Bislang ist es gut gegangen, warum nicht auch jetzt. Eine Sicherheitsvorschrift zu umgehen erleichtert das Leben und zieht ja nicht immer sofort eine Explosion nach sich. Außerdem hatte das Kraftwerksteam erst kurz zuvor eine Auszeichnung für besondere Dienste verliehen bekommen. An Selbstbewusstsein mangelte es also nicht.

Was sich auf Seiten der Operateure in Tschernobyl abspielte, war ein Systemversagen. Die gestiegene Energienachfrage des Reaktors überraschte alle. Mit diesem Faktor hatte niemand gerechnet. Hinzu kamen der Druck des sozialen Systems, nämlich der aus Moskau, sowie lasche Sicherheitsvorschriften, ein schlecht geplanter Versuchsverlauf und die Vorgabe, trotz des laufenden Versuchs weiter Strom zu produzieren – eine Kette von falschen Annahmen und Vorgaben, die ihre eigene Dynamik entfaltete. Dadurch stieg die Komplexität drastisch an. Die Folge: Die Situation wurde noch unüberschaubarer, als sie ohnehin schon war. Kein Plan funktionierte auch nur noch im Ansatz.

Fatale Fehler.

Seit Tschernobyl wissen wir, dass es so etwas wie eine »normale« Entwicklung der Dinge nicht gibt.

Nichts in der komplexen Welt verhält sich »normal«. Es gibt keinen »Regelfall«. Vielmehr ist alles, was geschieht, ein Einzelfall. Einzelfälle sind weder plan- noch vorhersehbar. Sie lassen sich nicht regulieren. Regeln gelten immer nur für Modelle.

Insofern gibt es in der komplexen Welt auch keine Situationen, die abstrakt analysiert und behandelt oder gar geplant werden können. Abstraktion ist immer etwas, das hinterher geschieht – indem Maßstäbe von Logik und Kausalität an Ereignisse angelegt werden. Mit dieser Vorgehensweise tun sich Analytiker und Experten im Nachhinein notorisch leicht. Mitten in einer komplexen Situation dagegen herrscht das blanke Chaos.

Ich höre Ihr »Aber«. Sie haben recht. Es gibt sie, jene Prozesse, die immer nach dem gleichen Muster laufen. Jene gut planbaren Dinge und verlässlichen Vorhaben. Warum sonst sollte eine Firma ein Werk mit einer Fertigungsstraße für Kugellager bauen, wenn sie nicht davon ausgehen könnte, dort auch tatsächlich produzieren zu können. Und in der Tat: Kugellager lassen sich präzise herstellen, mit beinharten Toleranzwerten.

Aber das ist nur möglich, weil es sich in diesem Fall um ein abgeschirmtes System handelt, ein System also, bei dem alle bestimmenden Faktoren weitestgehend stabil und beschreibbar sind oder sich nur sehr langsam verändern. Die Komplexität wird künstlich ferngehalten. Es herrschen gewissermaßen Laborbedingungen. Für solche Systeme sind Prozesshandbücher willkommen. Jedoch ist es eben so, dass die Welt kein kompliziertes System ist. Sondern nur zum Teil.

Und hier kommen wir an den Knackpunkt: Eben weil die Welt auch komplex ist, also vom Zufall bestimmt wird, weil es in ihr auch Unbekanntes gibt, also Ereignisse, die uns immer wieder überraschen, scheitern feste Prozesse häufig und führen klare

Handlungsregeln nicht zu dem gewünschten Ergebnis. Wie auch bei einem instabil werdenden Kernreaktor

Und damit läuft auch die Strategie, alles möglichst genau und detailreich zu dokumentieren, ins Leere: Die Wahrscheinlichkeit, dass die im Prozesshandbuch dokumentierte Annahme bald erneut eintritt, ist äußerst gering. Überraschungen richten sich nach keinem Muster. Sonst wären sie keine Überraschungen.

Ich weiß, das ist eine Ohnmachtserklärung für jede Form von Management. Aber so schnell geben die Anhänger des Managements nicht auf…

»Dafür ist unser Risikomanagement zuständig«

Ich bin ein Fan von Oxymora. Es ist der Plural von Oxymoron, einer rhetorischen Stilfigur, der jeder von uns schon einmal begegnet ist. »Süßer Schmerz« und »beredtes Schweigen« sind bekannte Beispiel für Oxymora, letzteres ist so gebräuchlich, dass man es kaum noch als solches wahrnimmt.

Der aus dem Griechischen stammende Begriff bezeichnet die Verwendung zweier Begriffe, die sich gegenseitig auszuschließen scheinen. Als Stilmittel dient er dazu, einen Sachverhalt – besonders, wenn dessen Komplexität über den Aggregatzustand eines Kieselsteins hinausgeht – pointiert zu beschreiben. Davon abgesehen kommt es natürlich auch vor, dass Menschen im alltäglichen Sprachgebrauch unfreiwillig Oxymora bilden. Zu meinen persönlichen Favoriten zählen dabei wunderbare Ausdrücke wie Doppelhaushälfte, Holzeisenbahn, Damenmannschaft, herrenloses Damenfahrrad, eingefleischter Vegetarier sowie – in unserem Zusammenhang besonders relevant – Planungssicherheit und Komplexitätsmanagement.

Man mag es kaum glauben, aber es gibt tatsächlich Institutionen und Managementlehren, die versuchen, Komplexität zu managen – also Instrumente zu entwickeln, die Prognosen noch sicherer machen –, Risikoerwartungen zu definieren und Problemlösungen zu erarbeiten, die endgültige Lösungen herbeiführen. Und jede Zeit entwickelt ihre eigenen Managementlehren:

- Sechzigerjahre: Deutsche Wertarbeit. Das Qualitätsmanagement wird erfunden.
- Siebzigerjahre: Das Öl wird knapp, die Fresswelle ist längst vorbei. Das Leistungs- und Kostenmanagement setzt sich durch.
- Achtzigerjahre: Grüne Ideen wandern in die Wirtschaft. Unternehmen befassen sich mit Umweltschutz und richten Energiesparprogramme ein.
- Neunzigerjahre: Der Mensch als Produktionsfaktor wird entdeckt – Personalentwicklungsabteilungen schießen aus dem Boden.
- Nullerjahre: Das Einhalten von Regeln wird immer wichtiger, Bestechungsskandale ziehen ihre Kreise. Kein Konzern kommt noch ohne eine Compliance-Abteilung aus.
- Zehnerjahre: Die neue Welle, auf der gesurft wird, lautet »Komplexitätsmanagement«.

Eins zu null

»Kommen wir nun zur Planung des nächsten Spiels«, sagt Jürgen Klopp zu seiner Mannschaft:

> *»Wir fangen total nervös an und kassieren in der 25. Minute den ersten Gegentreffer. Dann lassen wir die Fans etwas zappeln und schießen erst kurz vor der Pause den Ausgleich. Am besten gibt Mario den Ball zu Marco und Marco weiter per Hacke zu Lewi. Dann schauen wir, dass wir irgendwie die Zeit runterlaufen lassen bis zur 82. Minute. Wenn dann Eliseu von der gegnerischen Mannschaft im Abseits steht, darf er ein Tor schießen zum 1:2. Das Publikum wird toben. Um die Spannung auf den Höhepunkt zu treiben, warten wir bis zur Nachspielzeit. Marco, du schießt das 2:2 und Santana in der zweiten Minute der Nachspielzeit den Siegtreffer. Alles klar, Jungs?«*

Niemand hat das Champions League-Spiel Dortmund gegen Malaga so spektakulär geplant, wie es dann tatsächlich abgelaufen ist, nicht mal Dortmunds Trainer Jürgen Klopp, dem man so manche positive Verrücktheit durchaus zutraut. Aber so würde kein Trainer vorgehen. Das wäre völlig weltfremd.

In der Wirtschaft hingegen ist es leider üblich, genau so vorzugehen. Weltfremd. Man könnte Tränen lachen, wenn es nicht so traurig wäre. Doch urteilen Sie selbst:

»Kommen wir nun zur Planung des nächsten Jahres«, sagt der Manager zu seinen Mitarbeitern:

> *»Im ersten Quartal erzielen wir eine Umsatzsteigerung von zehn Prozent, im zweiten Quartal von zwölf Prozent. Im Sommer gibt es, jahreszeitlich bedingt, einen kleinen Knick. Aber danach laufen die neuen Anlagen, die wir im Herbst aufgebaut haben werden. Auch die fünf neuen Mitarbeiter, die wir bis zum Sommer gefunden haben werden, werden dann ihre volle Produktivität entfalten. Ab dem 29. November erzielen wir dank des Weihnachtsgeschäfts den Ausgleich. Dann sollte ein Umsatzplus von 30 Prozent drin sein. Herr Wegner, dessen Abteilung da große Erfahrung hat, wird uns mit einer entsprechenden Werbekampagne im Schlussverkauf das Jahresgeschäft versüßen. Noch Fragen? Gut, dann los!«*

Ein paar Variablen ausgetauscht, und schon vergeht einem das Lachen wieder. Planungen sehen keine Überraschungen vor. Doch in einer komplexen Welt sind Überraschungen an der Tagesordnung. Deshalb ist »Planungssicherheit« ein Widerspruch in sich – ein Oxymoron eben. Trotzdem glauben Menschen daran. Und vielleicht haben sie ja auch mal Glück.

Noch schlimmer ist, dass Politik und Wirtschaftspresse Begriffe gebrauchen, die unsere Verdummung begünstigen. Sie suggerieren uns einen Wahrheitsgehalt, den diese Begriffe nicht besitzen. Die Welt ist eben nicht planbar und linear. Sie ist komplex. Sie besteht aus unzähligen Ausnahmen, Unbekannten und Überraschungen. Komplexität kann man nicht managen. Etwas zu managen bedeutet, es zu planen, anzuweisen, zu kontrollieren. Als ob ein gewünschter Markterfolg in einer dynamischen Umgebung mit dem richtigen Management unter Garantie zu erreichen wäre!

Die komplexe Welt entzieht sich dem Zugriff des Managements. Wirtschaftsentwicklungen sind nicht planbar. Ebenso wenig wie Kindergeburtstage oder Wählerverhalten. Oft genug tritt genau das Gegenteil von dem ein, was der Plan vorsieht. Wer glaubt, etwas »gut geplant« zu haben, ist auf dem Holzweg. Pläne sind kein unfehlbarer Steuerungsmechanismus. Weshalb Kosten-, Risiko- und Komplexitätsmanagement leider bloß schrecklich-schöne Oxymora sind.

»Du-dudum-dum-du-du«

Sicher gibt es Pläne, die einfach so aufgehen. Garantiert. In diesem Zusammenhang fällt mir Herr Niemeyer ein. Ihm gehörte ein Schallplattenladen in Hildesheim. Herr Niemeyer hatte alles vorrätig. Und er hütete seine Ware mit Argusaugen. Beim Stöbern schien der Händler jedem Kunden mit finsterem Blick zu bedeuten: »Finger weg!«

Herr Niemeyer kannte jedes Album, jede Band und jeden Song. Für mich war er der Inbegriff des Musikexperten. Ein wandelndes Songlexikon. Er wusste sofort, auf welcher Single man einen bestimmten Ohrwurm finden konnte, wenn man ihm nur etwas vorbrummelte. Hatte man eine Melodie gehört und vergessen, von welcher Band sie stammte, half Herr Niemeyer mit seinem Wissen weiter. »Du-dudum-dum-du-du.« Und schon zog er ein paar Scheiben aus einem Regal.

Irgendwann jedoch gab es die Shazam-App für das iPhone. Das Programm gleicht den akustischen Fingerabdruck eines Songs online ab und liefert innerhalb kürzester Zeit Titel, Album und Interpret, inklusive Bestell-Links zu CD und MP3, Musikvideos und allem Drum und Dran. Man muss bloß das Handy vor den Lautsprecher halten. Oder ins Handy summen: »Du-dudum-dum-du-du.«

Das Tolle daran: Es funktioniert vollautomatisch.

Was immer Herr Niemeyer heute macht – er sitzt auf jeden Fall nicht in einer schallisolierten Telefonkabine, um Tag für Tag Tausende von Shazam-Anfragen zu beantworten. Das erledigt eine stetig wachsende Online-Datenbank. Herr Niemeyer würde große Augen machen. Und vielleicht zum ersten Mal in seinem Leben lächeln.

Hätten die Programmierer der Shazam-App die Absicht gehabt, schlechtgelaunte Plattenladenverkäufer zu ersetzen, hätten sie es geschafft. Wahrscheinlich wollten sie aber wohl nur eine gute Idee auf den Markt bringen, ein neues Geschäftsmodell ausprobieren und Geld damit verdienen. Und ihr Plan scheint aufzugehen. Es gibt also Modelle, die funktionieren. Nur: Ein einmal aufgenommener Song verändert sich nicht und besteht immer aus denselben Noten, Tönen und Rhythmen. Das Programm muss nur abgleichen. Es werden lediglich neue Songs in den Datenspeicher aufgenommen, damit die App sie erkennen kann. Aber das System ändert sich nicht. Diese Erkenntnis ist auch auf die Prozesshandbücher übertragbar: Ein Prozesshandbuch gilt für den in sich abgeschlossenen Mikrokosmos seines Unternehmens. Für eine Welt also, die quasi stillsteht. Innerhalb dieser Welt hat es seine Daseinsberechtigung, weil es ihr einen Nutzen bringt.

Das ist eigentlich das, was wir am Anfang des Kapitels gesucht haben, eine Handlungsanweisung, die im Großen und Ganzen funktioniert. Und wann sind Prozessbeschreibungen wirksam? Wenn sie in einem komplizierten Umfeld stattfinden. Sie sind also in einem Teil unserer Wirklichkeit gültig. Der andere Teil dieser Wirklichkeit ist dagegen wild, unbezwingbar. In der komplexen Welt bleiben diese Handlungsanweisungen wirkungslos, weil sie sich immer auf das Wenn-dann-Prinzip beziehen. Und da das nicht funktioniert, werden die Handlungsanweisungen immer weiter ausdifferenziert.

Wenn Sie jetzt das Gefühl haben, mit dem Rücken zur Wand zu stehen, darf ich Sie daran erinnern, dass die Natur für solche Situationen zwei Alternativen vorsieht: Angriff oder Flucht. Der Fluchtweg, der auf mehr Pläne und stärkere Regulierung hinausläuft, ist abgeschnitten, wie das Beispiel vom Ampel- und Schilderwald zeigt. Aber es könnte noch einen zweiten Ausweg geben …

Der Oktober im August

Das wohl unnützeste Produkt, das der boomende Hobbygärtner-Markt hervorgebracht hat, ist der Laubsauger. Sie kennen diese Höllenmaschinen bestimmt aus der Nachbarschaft. Meistens beginnt diese akustische Umweltverschmutzung genau zur Mittagsruhe – zwischen 13 und 15 Uhr – und hält dann stundenlang an.

Gern erinnere ich mich an den Laubsauger des Herstellers, der eine Zeitlang unser Klient war. Das günstigste Gerät aus seiner Produktion kostete im Handel 98 Euro und war deshalb nicht unbedingt ein Schnelldreher.

Vor einiger Zeit hatte Aldi mal wieder ein tolles Aktionsangebot: ein Laubsauger der Marke Top Craft für unter 50 Euro. Wie immer, wenn ein Schnäppchen scharenweise Kunden in die Filialen des Lebensmitteldiscounters lockt, war das Ding sehr schnell ausverkauft. Sehr schnell, das heißt nach spätestens drei Stunden. Freizeitgärtner, die später kamen, hatten das Nachsehen.

Was dann passierte, hatte kein Vertriebsmanager voraussehen können.

Es war Mitte September, kurz vor der Herbstsaison. Bei Aldi waren die Geräte alle weg. Also ging der gemeine Hobbygärtner in den Baumarkt, um sich dort nach Alternativen umzusehen. Auch wenn er jahrelang bestens ohne Laubsauger ausgekommen war –

auf einmal war er felsenfest davon überzeugt, einen zu brauchen. Und kaufte auch einen. Der aber immerhin fast 50 Euro mehr kostete als bei Aldi.

Der Laubsauger-Absatz meines Klienten steigerte sich quasi von einem Tag auf den anderen um über 1000 Prozent! Was vorher überhaupt nicht abzusehen war. Niemand in dem Unternehmen hatte im Vorfeld etwas von der Aldi-Aktion ahnen können – und dass sie indirekt den eigenen Geräteabsatz steigern würde!

Im Gegenteil, hätte mein Klient von dem 49-Euro-Konkurrenzprodukt vorab Wind bekommen, hätte er sich vermutlich gedacht: »Während des Aktionsangebots bei Aldi schlagen wir keinen einzigen Laubsauger los!« Oder: »Wenn wir uns ein Stück vom Kuchen sichern wollen, müssen wir unseren Nachschub in den Baumärkten innerhalb weniger Tage aufstocken. Das schaffen wir nie! Und hinterher bleiben wir womöglich auf der meisten Ware sitzen!«

Der Absatzplan sah übrigens vor, erst im Oktober und November den größten Umsatz mit Laubsaugern zu machen. Da hätte es allerdings keinen Run auf die Geräte mehr gegeben. Sich in dieser überraschenden Situation zwanghaft an den Plan zu halten, anstatt schnell zu reagieren und möglichst viele Laubsauger auszuliefern, hätte die Verkäufe drastisch gebremst.

Die Mitarbeiter des Unternehmens wussten natürlich von dem Plan. Die Reaktionen auf die unerwartete Situation waren unterschiedlich. Die meisten waren froh: »Raus mit den Geräten, nehmen wir möglichst viel zusätzlichen Gewinn mit!«

Irritierenderweise gab es aber auch Gegenstimmen: »So was muss der Vertrieb doch zwei Monate vorher wissen! Wie sollen wir das so schnell schaffen?« »Warum halten wir uns nicht an die Absprachen? Wir haben im September mit maximal 20 Stück pro Filiale gerechnet und nicht mit 2000!«

Pläne und Absprachen waren das Modell, an das sich die Gegner mit den unterschiedlichsten, mehr oder weniger vernünftigen

Argumenten klammerten. Klar, die Situation erforderte Flexibilität. Es mussten Teile und Material beschafft werden – möglichst viel und möglichst schnell. Die Kosten erhöhten sich im Vergleich zu einer langfristigen Bestellung, der Gewinn pro Einzelgerät sank.

Es war also eine Entscheidung fällig. Dem Geschäftsführer blieben zwei Möglichkeiten. Im Prinzip hätte er sagen können: »Tut mir leid, Leute, aber wir müssen diese einmalige Gelegenheit verstreichen lassen.« Warum überrascht uns die Wirklichkeit immer so? Wieso kam es hier anders – wenn auch mit positiven Auswirkungen – als gedacht?

Wir gestalten Pläne. Wir vertrauen diesen Plänen und unserer Einschätzung. Allerdings können die Modelle nur komplizierte Dinge abbilden, nicht aber komplexe Prozesse. Dadurch zeigen sie aber immer nur einen Teil der Welt, einen Ausschnitt, den wir gewählt haben. Wir können nie alles für unser Modell berücksichtigen. Dazu ist die Welt zu komplex, also gespickt mit zu vielen Überraschungen. Wir gehen mit dem falschen Modell an die Wirklichkeit heran. Das kann nicht funktionieren.

Zum Glück für sein Unternehmen entschied sich der Klient damals positiv. Nämlich dafür, die Herausforderungen der Situation anzunehmen, anstatt auf dem ursprünglichen Plan zu beharren.

Wie kompliziert die Welt auch erscheint – sie ist immer auch komplex. Zum Wesen der Welt gehören Überraschungen – erfreuliche ebenso wie unangenehme. Es ist sozusagen der Job der Realität, für Überraschungen zu sorgen. Ein Modell kann noch so gut sein – wie es sich in der Realität auswirkt, kann nicht vorhergesagt werden.

Der eigentliche Denkfehler in Bezug auf Pläne und Modelle besteht eben darin zu glauben, dass sie die Realität komplett abbilden. Wie eine Landkarte im Maßstab 1:1. Doch das kann kein noch so ausgefeilter, detaillierter Plan leisten. Überraschungen lassen sich nicht kalkulieren und in Plänen festschreiben. Sonst wären sie ja keine Überraschungen.

Das System ist komplex. Anders als ein Würfelspiel. Würfeln ist nur kompliziert. Und in einem Würfel-System kann ich wirklich vieles vorhersehen. Überraschungen – sind nicht zu erwarten. Ein gewöhnlicher Würfel hat sechs Seiten mit Zahlen von 1 bis 6. Hätten Sie Lust und Zeit, sechs Millionen mal zu würfeln und die Ergebnisse zu notieren, würde es Sie nicht überraschen, wenn etwa eine Million Mal die Eins, etwa eine Million Mal die Zwei und ebenso viele Male die jeweils anderen Augenzahlen kämen.

Wäre das Systemfeld des Würfels komplex, dann müssten Sie irgendwann völlig unerwartet – sagen wir, beim 702 114. Wurf – eine Sieben würfeln. Oder die Kreiszahl Pi, und zwar inklusive aller, das heißt unendlich vieler Stellen. Oder der Würfel zerfiele einfach zu Staub. Beim Würfelwurf passiert so etwas nicht, in der hochkomplexen Welt der unternehmerischen, politischen und gesellschaftlichen Realität des 21. Jahrhunderts hingegen immer öfter. Denn diese Welt ist unvorhersehbar, überraschend, chaotisch. Eben komplex. Mit Modellen kommt man da nicht weit. Der Zufall, die Überraschung lässt sich weder absehen noch vorausberechnen.

Jeder Versuch, einem Modell, einer Prognose oder gar Absatzplanzielen zu vertrauen, würde implizit bedeuten, an etwas zu glauben, das mit der Realität rein gar nichts zu tun hat. Geschweige denn mit der Zukunft. Das liegt daran, dass Modelle per se stets nur kompliziert sind – und nicht komplex. Und das macht es Führungskräften so schwer, damit umzugehen. Denn ihre Aufgabe ist es nun mal, für Sicherheit und klare Planung zu sorgen.

Auch wenn nichts planbar und kein Modell »richtig« oder gar brauchbar ist, wenn es keine richtigen oder falschen Entscheidungen gibt, wenn Sie sich bei Ihren Handlungen nicht mal auf den Würfel verlassen können und sich völlig ohnmächtig fühlen angesichts der komplexen Welt – so ist dieses Gefühl dennoch genau der richtige Ansatzpunkt, um einen Ausweg aus dem Dilemma zu suchen.

TEIL II

TURN

6. Warum schlechte Modelle gut sind

Ich habe Lust auf eine Spritztour mit dem Cabriolet. Das Wetter zeigt sich von seiner besten Seite, nicht ein Wölkchen ist am Himmel zu sehen. Was gibt es Schöneres, als bei sommerlichen Temperaturen mit offenem Verdeck über die Landstraße zu heizen! Nach einem kurzen Zwischenstopp an der nächsten Tankstelle geht's raus in die Weite.

»Little red corvette Baby you're much too fast, yes you are …«

Ich singe den Song von Prince mit und genieße den Fahrtwind. Die Straßen sind leer, die meisten Leute scheinen in den Urlaub gefahren zu sein. Ich erreiche einen langen, geraden Streckenabschnitt und fahre den Wagen richtig aus, schließlich hat er lange genug in der Garage gestanden.

Nach einer Weile zeichnet sich vor mir ein Waldstück ab, in dem die Straße eine Bahnlinie kreuzt. Ich kenne die Stelle – ein unbeschrankter Bahnübergang mit Blinklicht und Andreaskreuzen. Alle 20 Minuten fährt hier ein Regionalzug durch. Aus der Ferne sehe ich, dass die rote Warnleuchte zu blinken beginnt.

Eigentlich müsste ich abbremsen und vor dem Andreaskreuz anhalten. Aber ich bin der einzige Autofahrer weit und breit. Niemand sonst ist zu sehen. Auch keine Polizei – zumindest das Bußgeld würde ich mir also sparen, wenn ich mich einmal nicht an die Regeln hielte. Ich linse zwischen den Baumstämmen hindurch. Nichts zu sehen. Noch scheint der Zug weit weg zu sein.

Was James Bond mit seinem Aston Martin DB5 kann, das kann ich auch! Ich gebe Gas. Der Wagen zieht an. Mein Adrenalinspiegel steigt. Ich blicke nur nach vorn. Tunnelblick. Kurzer Blick auf den Tacho: 160. Die Bahnlinie. Wenn mich nicht alles täuscht, höre ich das Gleis singen. Könnte knapp werden …

Drüber!

Hinter mir ertönt das Doppelhornsignal des herannahenden Zuges. Gerade noch geschafft. Bond würde vor Neid erblassen.

Jetzt noch mal alles auf Anfang.

Ich mache eine Spritztour mit dem Cabriolet. Das Wetter zeigt sich von seiner besten Seite, nicht ein Wölkchen ist am Himmel zu sehen. Ich liebe es, bei sommerlichen Temperaturen mit offenem Verdeck über die Landstraße zu heizen.

»Little red corvette Baby you're much too fast, yes you are …«

Ich singe den Song von Prince mit, der endlich mal wieder im Radio gespielt wird. Nach einer Weile sehe ich vor mir das Waldstück, in dem die Straße eine Bahnlinie kreuzt. Ich kenne die Stelle – ein unbeschrankter Bahnübergang mit Blinklicht und Andreaskreuzen. Alle 20 Minuten fährt hier ein Regionalzug durch.

»Sorry für die Unterbrechung«, meldet sich die Stimme des Moderators mitten in dem Refrain von Prince, »aufgrund eines Stromausfalls sind im ganzen Landkreis Ampeln und Lichtsignale auf öffentlichen Straßen ausgefallen. Achten Sie auf die Beschilderung. Gute Fahrt!«

Ich linse zwischen den Baumstämmen hindurch. Nichts zu sehen. Eigentlich kein Wunder, da Tannen und Sträucher die Sicht auf die Bahnlinie verdecken. Noch scheint der Zug weit weg zu sein.

Was James Bond mit seinem Aston Martin DB5 kann, kann ich schon lange! Ich gebe Gas. Tunnelblick. 160. Adrenalin. Die Bahnlinie …

Halt!

Abgehakt

»Komplexität« ist ein Wort, dessen Klang Ihnen mittlerweile ein leichtes Frösteln verursachen dürfte. Mit ihren unguten Überraschungen und unvorhersehbaren Veränderungen ist die komplexe Welt ja anscheinend bloß dazu da, ein Gefühl von Ohnmacht in Ihnen auszulösen. Sie fühlen sich ausgeliefert. Und fragen sich, wie Sie mit dieser ominösen Komplexität umgehen sollen. Schließlich müssen Sie als Führungskraft in Politik, Wirtschaft oder Gesellschaft ständig unter unsicheren Voraussetzungen handeln und Entscheidungen treffen, auf deren Auswirkungen Sie und andere bauen können. Ihr Handeln hat Konsequenzen.

Die unbrauchbaren Ansätze kennen Sie ja schon. Bislang haben sie mehr oder weniger wohlwollend akzeptiert, dass erstens Modelle prinzipiell nicht der Realität entsprechen, dass zweitens unser Handeln, das auf diesen Modellen beruht, im Alltag mehr mit Glauben als mit Wissen zu tun hat, dass drittens der Glaube, es gäbe richtige und falsche Entscheidungen, problematisch ist und dass viertens globale Grundannahmen und lineare Denkmuster in komplexen Situationen die Probleme bisweilen erst schaffen, die sie eigentlich lösen sollen. In dem Bestreben, unsere Arbeit immer effizienter zu erledigen, nehmen wir deshalb immer wieder die falsche Ausfahrt und stolpern ins Chaos.

Noch einmal in Zeitlupe:

- *Mehr Wissen?* Führt nicht zu besseren Entscheidungen – denken Sie an den Bestätigungsfehler, die Glaubenssätze und den Starnberger Teppich. Abgehakt!
- *Best practice?* Hehlerware, vergiftet durch Übertragungsfehler, das Expertenproblem und eine Kausalität, die gern mal in entgegengesetzter Richtung abläuft. Abgehakt!
- *Regeln, Pläne, Prozesshandbücher, BVW (Betrübliches Vorschlagswesen)?* Begünstigen den Ideeninfarkt und wirken höchstens bei Kurt, unserem *Homo oeconomicus.* Und irgend-

wann gehen all diese Konzepte den Weg alles Irdischen, so wie im 19. Jahrhundert die Clipper-Route. Abgehakt!

- *Planungssicherheit, Komplexitätsmanagement, einfaktorielle Veränderungen?* Schaurig-schöne Oxymora – schlichtweg nur für eine Welt auf Schienen geeignet. Abgehakt!

Wozu es führt, wenn trotzdem auf überholte Management-Praktiken zurückgegriffen wird, habe ich Ihnen auch gezeigt. Sie verrennen sich – wie Herr Meier in der Altstadt von Heidelberg. Sie werden ausrangiert wie ein Clipper, den niemand mehr braucht. Schlimmstenfalls enden Sie wie Bertrand Russells Martinsgans. Kurz gesagt: Sie scheitern.

Oder Sie landen mal einen Glückstreffer. Den Sie dann dank Bestätigungsfehler und Halo-Effekt falsch interpretieren und auf Ihrem eigenen Konto gutschreiben. »Es lief wirklich gut – und wir sind sogar schuld daran!« Abgehakt!

Auf nichts ist Verlass. Sie werden unsicher. Und so ein Zustand der Unsicherheit ist alles andere als schön. Daher stellt sich die Frage: Wie kommen Sie aus dieser Unsicherheit heraus? Wie gewinnen Sie wieder Sicherheit? Was sollen Sie jetzt überhaupt tun?

Ich verrate Ihnen, worin der Ausweg besteht: Sie müssen endlich wieder selber denken. Und selber entscheiden.

Diese Aufforderung wirkt zunächst wie ein Affront. Als hätten Sie nicht schon genug damit zu tun, all die Dinge abzuwägen, die Ihnen letztlich bei der Entscheidungsfindung helfen sollen. Sie denken doch schon! Sie entscheiden doch schon! Warum sollten Sie sich nun sagen lassen müssen, dass Sie endlich wieder selber denken und entscheiden müssen?

Gelb-Rot

Dritter Spieltag der Bundesligasaison 2012/13. Das Fußballstadion am Maschsee in Hannover ist ausverkauft. 49 000 Zuschauer fiebern dem Ende des Derbys zwischen Hannover 96 und Werder Bremen entgegen. Es steht 2:2. Und mich selbst hält es kaum noch auf meinem Lieblingsplatz im Block West 4.

Für die »Roten« hat die Partie vielversprechend begonnen. Mit einem Freistoß sorgt Szabolcs Huszti bereits in der sechsten Minute für das 1:0. Nur vier Minuten später bereitet er mit einem Kopfball das 2:0 durch Andreasen vor. Nach diesem Blitzstart schaltet Hannover erst einmal in den Leerlauf. In der 26. Minute führt ein vermeidbares Handspiel von Eggimann zum Elfmeter: 2:1 durch den Bremer Hunt. Und in der 74. Minute, nach einem packenden Spiel, gelingt den Bremern endlich der Ausgleich.

Doch in der Nachspielzeit dann der entscheidende Treffer für Hannover 96. Ein Tempogegenstoß, klug vorgetragen über die Mitte, fünf gegen fünf, die »Roten« verlagern das Spiel auf den linken Flügel, wo sich Konstantin Rausch freigelaufen hat, seine Flanke kommt in den Rücken der Abwehr, Huszti schaltet am schnellsten: Er legt sich in die Luft, Scherenschlag, trifft den Ball mit links, ein herrlicher Fallrückzieher, das Ding ist drin! Ein Traumtor!

Was dann passiert, wird als einer der schrägsten, unglaublichsten Momente in die Geschichte der Bundesliga eingehen.

Huszti reißt sich vor Freude das Trikot vom Leib, rennt in Richtung Tribüne, springt über die Bande und klettert auf den Zaun des Fanblocks der 96er, um sich feiern zu lassen. Kaum ist er zurück auf dem Platz, zeigt ihm Schiedsrichter Deniz Aytekin zunächst die Gelbe Karte – für das Entblößen des Oberkörpers – und dann Gelb-Rot, weil er den Zaun erklettert hat! Gerade noch gejubelt, in der nächsten Sekunde vom Platz gestellt und im nächsten Spiel gesperrt. Der arme Huszti kann es nicht fassen. Die 49 000 im Stadion ebenso wenig.

Diese Geschichte ist vor allem deshalb so kurios, weil jeder einzelne Fan im Stadion nach diesem Spielverlauf und dem spektakulären Siegtreffer Husztis ausgelassen Jubel nachvollziehen konnte. Niemand sah darin ein zu bestrafendes Verhalten. Weder wurde ein Gegenspieler gefährdet, noch gab es ein unsportliches Verhalten. Die Entscheidung des Schiedsrichters war nicht hart, sie war absurd … doch halt!

Wrong Turn!

Deniz Aytekin traf überhaupt keine Entscheidung! Der Schiedsrichter »entschied« nichts, sondern wandte schlicht und einfach die Regeln an: »Mir blieb gar nichts anderes übrig, als das durchzuziehen«, lautete später sein Kommentar, in dem hörbares Bedauern mitschwang.

Regeln betonieren Wenn-dann-Beziehungen. So wie alles, was auch in Organisationshandbüchern verzeichnet ist. Dort ist eine klare Abfolge von Ereignissen und Reaktionen festgeschrieben, die wenig bis gar keinen Spielraum für »Entscheidungen« lässt! Ein Oder, Ob oder Vielleicht gibt es nicht. Fallrückzieher in der letzten Spielminute rechtfertigen da keine Sonderregel. Das Wenn-dann-Prinzip kennt nur den Weg der geradlinigen Exekution, wie die Umstände sich auch immer entwickelt haben mögen.

Der Knackpunkt ist: Wenn wir uns – ob nun als Schiedsrichter oder als Top-Entscheider – nach solchen Regelwerken richten, dann entscheiden eben gar nicht wir selber. Dann sind wir weder Richter noch Entscheider, sondern eher eine Art Vollstrecker. Wir überlassen dem jeweiligen Modell im Vorhinein die Entscheidungskompetenz. Oder noch genauer: Jemand denkt und entscheidet im Voraus, indem er die Regeln beschließt und für gültig erklärt. Von diesem Moment an sind das Denken und Entscheiden ausgeschaltet. Der Stein rollt ins Tal, komme, was da wolle.

Inzwischen haben wir uns mit einer ganzen Armada solcher Entscheidungsvernichtungsinstrumente umgeben: feste Prozesse, fixierte Umsatz- und Kostenpläne, turnusgerechte Mitarbeitergespräche, Checklisten, Gesprächsleitfäden, Beförderungsrichtlinien, Stellenbeschreibungen, Besprechungsregeln, Reisekostenverordnungen usw.

Unternehmen und Organisationen, die sich solchen Modellen und Handlungsmustern unterworfen haben, sind nichts anderes als Kugelbahnen: Oben kommt die Kugel rein – unten kommt sie raus. Klick-klack. Immer dieselbe Bahn. Immer dieselbe Wendung.

Darauf werden wir schon von klein auf getrimmt: Für Schulen existieren verbindliche Lehrpläne, die für jede Klassenstufe klar definierten Lernstoff festschreiben. Unterschiedliche Entwicklungs- und Wissensstände der Schüler in der Klassenstufe? Interessieren den Lehrplan nicht. Besonderheiten der Schulklasse, zum Beispiel der Anteil von Immigrantenkindern oder Hochbegabten? Fehlanzeige. Besondere Situationen? In der Regel nicht vorgesehen. Den Lehrern geht es nicht anders wie dem Schiedsrichter Deniz Aytekin: Regel ist Regel, Plan ist Plan.

Trikot-Ausziehen plus Jubel am Zaun: Gelb plus Gelb-Rot. Klick-klack. 5. Klasse, zweites Halbjahr: Neandertaler. Klick-klack. Für die Überarbeitung der Preisliste ist die Vertriebsabteilung zuständig. Klick-klack. Der Sachbearbeiter im Einkauf darf nur bis 5000 Euro bestellen. Klick-klack. Für den Kauf eines Diktiergeräts braucht es die Genehmigung von oben. Klick-klack. Bei Geschäftsreisen sind öffentliche Verkehrsmittel zu benutzen. Klick-klack.

Klick-klack. Crash.

Solche Handlungsvorgaben nenne ich »laute Modelle«. »Wenn A, dann B!« Klick-klack. Und morgen ist das Wetter schön! Und übermorgen gibt's Futter! Das Problem dabei: Diese Vorgaben regeln alles und lenken alles in gewohnte Bahnen. Wir haben es mit einem Automatismus zu tun, der jeden Fall, jedes Ereignis und jede Konstellation gleich behandelt. Das Modell hat eine neue Rolle bekommen: Es ist so »laut«, dass es befiehlt.

Und Sie gehorchen.

Leider können Modelle nicht denken, egal, wie laut oder leise sie sind. Wozu auch? Klick-klack.

Ein brauchbares Modell für komplexe Situationen dagegen muss stumm sein. Es darf nicht laut schreien. Das heißt konkret: Soll es für komplexe Situationen taugen, dann darf ein Modell höchstens ein Werkzeug sein, das beim Denken hilft – aber es darf niemanden davon entbinden, selber zu denken. Vor allem aber darf ein brauchbares Modell keine Regeln aufstellen. Der immense Vorteil »stummer Modelle« liegt darin, dass sie den Benutzer nicht erblinden lassen. Im Gegenteil – sie weisen ihm Verantwortung zu und gewähren ihm so die Möglichkeit, sich weiterzuentwickeln, schlauer zu werden.

Wenn Sie es dagegen vorziehen, in blindem Glauben laute Modelle anzuwenden, verfallen Sie einer Art Modell-Autismus. Das Modell zwingt Sie dazu, sich auf den Rücken zu werfen und die Beine anzuziehen. Wie ein Käfer, der sich tot stellt. Oder Sie verkommen zum bloßen Statisten. Sie stehen nur rum. Dann braucht ein Unternehmen allerdings auch kein teures Management mehr. Ein Modell ist schließlich billiger als ein hochbezahlter Vorstand. Aber das kann auch kein Ausweg sein, um mehr Sicherheit zurückzugewinnen. Sehen wir uns einmal an, wie sicher der Straßenverkehr ist.

Martinshörner

Ich kurve durch den Hannoveraner Stadtverkehr. Es ist kurz nach halb sechs am Abend, viele Pendler sind auf der Heimfahrt. Die Hauptverkehrsadern sind verstopft, die Spur links von mir ist komplett dicht. Die Ampel vor mir zeigt grün, aber nichts bewegt sich. Manche hupen nervös, was natürlich völlig ohne Wirkung bleibt. Außerdem übertönt der Lärm von Straßenbauarbeiten fast alles. Ein Fahrradfahrer schimpft erbost, weil ein unachtsamer Abbieger ihn zu einem waghalsigen Schlenker nötigt. Die Ampel schaltet auf Gelb, dann auf Rot.

Ta-tü-ta-ta!

Aus dem Augenwinkel nehme ich wahr, wie hinter mir etwas aufblitzt. Ich blicke in den Rückspiegel. Ein Rettungswagen mit Blaulicht und Sirene. Nach und nach weichen die Autos auf den Bürgersteig aus. Auf meiner Höhe blockieren abgestellte Fahrräder den Weg. Ich überlege nicht lange, lege den Rückwärtsgang ein und parke rückwärts rechts ein. Der Krankenwagen braust heran, muss abbremsen, setzt sich in die entstandene Lücke. Die Bremslichter des Pkw vor ihm leuchten. Und leuchten. Und leuchten. Darüber prangt die rote Ampel.

Ich sehe, wie der Fahrer des Krankenwagens beide Hände vom Lenkrad nimmt und wild in Richtung meines ehemaligen Vordermanns gestikuliert. Vielleicht ein Fahranfänger, der nicht kapiert, dass er sich schleunigst in die Kreuzung hineintasten muss, um die Straße zu räumen und den Krankenwagen vorbeizulassen.

»Mach dich vom Acker!«, rufe ich ihm zu und stimme mit meiner Hupe in das Geheul der Sirene ein. Es nutzt alles nichts: Die Ampel ist rot, die Bremslichter des Blockierers leuchten. Der Fahrer des Rettungswagens verzieht das Gesicht – trotz offener Fenster übertönt das Martinshorn seinen Fluch. Längst ist er so dicht aufgefahren, dass er den Wagen vor ihm beinahe mit der Stoßstange berührt.

Der Fahranfänger merkt immer noch nichts, sondern steht unbeirrt weiter auf der Bremse.

Unglaublich!

Kennt er die Straßenverkehrsordnung nicht? Die gibt doch klare Regeln vor! Zum Beispiel: »Bei Rot musst du stehen bleiben!« – ein lautes Modell. Dazu kommt der Paragraf 38 der Straßenverkehrsordnung, der besagt, dass die anderen Verkehrsteilnehmer einem Krankenwagen mit Blaulicht und Martinshorn sofort freie Bahn schaffen müssen. Diese Regel ist noch lauter, sie setzt die Rote-Ampel-Regelung außer Kraft. So weit ist alles klar.

Das Problem ist nur: Die Situation an der Ampel ist im Gegensatz zum Modell alles andere als eindeutig. Sie ist nicht nur kompliziert, wie die Straßenverkehrsordnung es suggeriert. Sie ist vielmehr komplex. Denn die Lage ist durch die rote Ampel einerseits und den im Krankenwagen sich vernehmlich nähernden Herzinfarktpatienten andererseits nur sehr unvollständig beschrieben.

Die Straße stößt an dieser Ampel auf eine Schnellstraße. Dort haben selbst zur Rush Hour die Fahrzeuge gerne mal 80 Sachen drauf. Wumm, wumm, wumm – ein Auto nach dem anderen. Da überlegt man es sich schon zweimal, einer Aufforderung der Straßenverkehrsordnung, sich in die Kreuzung hineinzutasten, Folge zu leisten, um trotz Rot einen Krankenwagen durchzulassen. Und wegen der Straßenbauarbeiten hören offenbar die Autofahrer auf der Schnellstraße das Martinshorn nicht. Und selbst wenn. Auf der anderen Straßenseite steht ein Blitzer, der Rot-Sünder sofort erfasst. Wenn das Überfahren einer roten Ampel mit einem Bußgeld von 200 Euro, einem Monat Fahrverbot und vier Punkten in Flensburg geahndet wird, dann sind die Faktoren soziale Ächtung und finanzielle Belastung im Verbund ein weiteres Argument, das der Regel »Fahr ja nicht bei Rot über die Ampel!« gehörig Nachdruck verleiht.

Wenn man sich nun noch einen hysterisch gestikulierenden Autobesitzer auf dem Beifahrersitz des Autos mit dem Fahranfänger am Steuer vorstellt, der Angst um seinen Wagen hat, dann ist von der komplizierten Welt der Straßenverkehrsordnung so gut wie nichts mehr übrig.

Was tun?

Tatsache ist, dass wir während unserer gesamten Sozialisation einschließlich Fahrschule darauf getrimmt werden, Regeln zu befolgen. Die spezifische Situation an der Ampel nötigt aber nun die Verkehrsteilnehmer dazu, individuelle, der Situation angemessene Entscheidungen zu treffen. Und das ist von einem Fahranfänger ganz offensichtlich zu viel verlangt. Unvorbereitet risikoreiche

Entscheidungen treffen müssen verursacht Stress! Und bei Stress aktiviert der Mensch mindestens eines der uralten, tief verwurzelten Verhaltensmuster. Kampf? Gegen wen denn? Flucht? Wohin denn? Tot stellen? Ah, gute Idee. Er friert ein. Das Auto steht.

Hat der Fahranfänger versagt? Nein. Das Modell hat versagt!

Und das Modell kann auch noch aus anderen Gründen versagen. Zum Beispiel, wenn die Ampel kaputt ist und weder Ersatzschilder bereitstehen noch die Rechts-vor-links-Lage eindeutig ist. Oder wenn ein umgeknickter Baum quer über der Straße liegt. Oder wenn ein Hubschrauber über der Autobahn abstürzt.

In all diesen komplexen Situationen greifen Modelle ins Leere. Weil die Umwelt mit Überraschungen aufwartet, die das Modell nicht vorsieht. Das ist eben die Natur von Überraschungen: Sie bringen etwas völlig Neues, Unvorhergesehenes. Genau deshalb können vorgedachte Handlungsmuster der Realität niemals gerecht werden. Weil feste Modelle und Handlungsabläufe eben nur abstrakt sind, nicht konkret. Sie erlauben nur pauschale Beurteilungen, wo in der Realität der Einzelfall abgewogen werden müsste.

Die Straßenverkehrsordnung kann regeln, wer grundsätzlich Vorfahrt hat, aber nicht, wie sich jeder einzelne Autofahrer in bestimmten komplexen Situationen verhalten soll. Jedes komplexe Ereignis ist einzigartig und entzieht sich damit festen Mustern und Handlungsmodellen. Dadurch entsteht im Extremfall extreme Unsicherheit, die wiederum Stress erzeugt.

Ob hinter Ihnen nun ein Krankenwagen auftaucht, der einen Notfallpatienten an Bord hat, oder ob Sie einen Stau hinter sich auflösen könnten – in beiden Fällen sind Sie gezwungen, gleichwertige Situationsaspekte gegeneinander abzuwägen. Und selbst zu handeln. In solchen Lagen taugen laute Modelle grundsätzlich nicht dazu, Ihnen die Entscheidung abzunehmen.

Sich tot stellen, wie es der Urmensch als Reflex auf Gefahren tat, ist heute in den meisten Fällen keine sinnvolle Option mehr.

Das kann sich keine Regierung, kein Unternehmen leisten, zumindest nicht auf längere Zeit. Hinzu kommt, dass der Mensch den natürlichen Drang hat, Probleme zu lösen. Er muss eine Lösung finden, um seine Unsicherheit zu überwinden. Dem Menschen, der als komplexes Wesen in einer komplexen Welt agiert, bleibt nichts anderes übrig, als eigenständige Entscheidungen zu treffen. Denn im Zweifel gilt die Realität. Auch für Unternehmen, Behörden oder Schulen.

Das bedeutet, dass Organisationen sich umso schneller von fertigen Handlungsmustern verabschieden müssen, je komplexer die Umwelt und die Abläufe sind. Stattdessen müssen sie sich in die Lage versetzen, situationsspezifisch zu handeln. Konkrete Probleme und komplexe Situationen fordern konkrete Entscheidungen. Das ist mit vorgedachten oder aus Statistiken abgeleiteten Modellen – quasi aus der Konserve – nicht zu vereinbaren. Mehr und präzisere Regeln helfen erst recht nicht. Vielmehr ist ein grundsätzlicher Wechsel des Denkens gefordert.

War es ein Foul?

Die berüchtigte »Nacht von Sevilla« meint das Halbfinale der Fußball-WM 1982, genauer gesagt, das Spiel Deutschland gegen Frankreich. Ein Klassiker! Noch heute kann man auf diversen YouTube-Videos deutlich sehen, wie der deutsche Torwart Toni Schumacher in der 57. Spielminute dem auf sein Tor zulaufenden französischen Nationalspieler Patrick Battiston mit vollem Risiko entgegenstürmt. Schumacher springt genau in dem Moment ab, als Battiston den Ball sauber an ihm vorbeilegt. Von diesem Moment an bestimmen die physikalischen Gesetze gnadenlos den weiteren Ablauf. Battiston sieht den Torwart auf sich zufliegen und versucht abzubremsen. Schumacher dreht sich in der Luft zur Seite und zieht die Beine an. Aber die Bahnen ihrer Körper sind auf so kurze Distanz nicht mehr zu korrigieren. Der Ball ist schon weit weg, als Schumacher den Franzosen mit der Hüfte voll am Kopf erwischt. Ein Frontalzusammenstoß. Battiston liegt bewusstlos auf dem Rasen. Er verliert bei dem Zusammenprall zwei Zähne und erleidet außerdem einen Wirbelbruch samt Gehirnerschütterung.

Ein Foul? Foul ist, wenn der Schiedsrichter pfeift. Und das tat der niederländische Referee Charles Corver in diesem Fall nicht. Aber wendete er die Regeln korrekt an? Hätte er Schumacher nicht wegen »rohen Spiels« vom Platz stellen müssen? Oder welche Regel hätte er sonst anwenden sollen? Die Augen Corvers und seiner Linienrichter waren auf den Ball gerichtet, der just in dem Moment knapp am deutschen Tor vorbeirollte, als Schumacher und Battiston zusammenprallten. Der französische Spieler lag ausgeknockt auf dem Rasen, das Stadion tobte, die französischen Spieler protestierten wild. Corver hatte ein Problem.

Der Unparteiische kannte zwar die Regeln, die bei einem so schweren Foul anzuwenden sind, aber er hatte ja nicht gesehen, ob es überhaupt ein Foul gewesen war. Ihm fehlte das relevante Vor-Ort-Wissen. Und damit konnte er das Regel-Modell nicht anwenden. Er musste sich überlegen, ob er ein Foul pfeifen sollte oder nicht. Beide Optionen hätten ihre jeweiligen Konsequenzen: Kein Pfiff hieße, ein schweres Foul nicht zu bestrafen. Das wäre ungerecht. Ein Pfiff hieße, den Torhüter vom Platz zu stellen für ein Foul, das weder der Schiedsrichter noch seine Assistenten gesehen hatten und das es vielleicht gar nicht gegeben hatte. Auch das wäre ungerecht gewesen.

Die Situation verdeutlicht: Wie auch immer das Handeln eines Einzelnen oder einer Organisation gestaltet ist – es hat Konsequenzen. Selbst ein vermeintliches Nicht-Handeln friert nicht die Umwelt und vorhandene Gegebenheiten ein, sondern erzeugt ebenso Veränderungen wie ein beherztes Eingreifen. Wenn beispielsweise ein Pharma-Unternehmen auf eine veränderte Gesetzeslage bei der Medikamentenzulassung nicht reagiert, heißt das nicht, dass dadurch alles beim Alten bleibt.

Der Einzelne wie auch Organisationen müssen sich ihres Handelns sowie ihres Nicht-Handelns bewusst sein. Das heißt, noch einmal deutlicher formuliert: Wir sind gezwungen, unser Handeln zu gestalten. Und das meint Denken und Entscheiden.

Aber was meint eigentlich Entscheiden?

Entscheidungen sind immer dann nötig, wenn ein guter Grund fehlt. Nämlich genau der Grund, der den Unterschied macht. Entscheiden bedeutet, zwischen gleichgewichtigen Alternativen abzuwägen. Deren Optionen sich gegenseitig die Waage halten. Oder deren Argumente nicht verhandelbar sind. Beim Ausbau einer Produktionsanlage beispielsweise erhöht Option 1 möglicherweise den CO_2-Verbrauch, Option 2 hingegen den Schadstoffausstoß. Das Kriterium der Umweltfreundlichkeit greift hier also nicht.

Entscheidungen müssen dann getroffen werden, wenn es für den individuellen Fall keine Regel gibt. Dann bleibt dem Menschen gar nichts anderes übrig, als zu entscheiden.

Und dieser Entscheidungsprozess ist nicht abstrakt – so gerne wir uns auch auf Regeln und Altbekanntes stützen würden. Man möchte in der konkreten Situation am liebsten nicht mehr denken und entscheiden, sondern nur noch die Regeln anwenden. Doch ein solches Handeln würde nicht auf tatsächliche Entscheidungen hinauslaufen, sondern nur auf neue Regeln und Regelwerke. Und jedes Handeln hätte sogleich den Anspruch, normativ zu sein – gültig für alle Fälle und Situationen. Vollkommen losgelöst von Einzelfällen und konkreten Problemen.

Aber noch einmal: Es gibt keine abstrakten Entscheidungen. Außer im Gedankenspiel: Dort lassen sich Pläne und Regeln und meinetwegen auch Prinzipien durchaus abstrakt anwenden. Aber ein Gedankenspiel entscheidet nichts und hat keinerlei Auswirkungen auf die Realität. Ganz im Gegensatz zu Entscheidungen. Sie wirken sich konkret auf die Realität aus. Eine Entscheidung muss zwischen zwei oder mehr Möglichkeiten wählen, die als gleich gut oder gleich schlecht erscheinen.

Argumentationsbilanzen sind etwas für Bürokraten. Genau wie Pro-und-kontra-Listen, die höchstens eine ohnehin schon längst aus dem Bauch heraus getroffene Wahl rationalisieren. Nur wenn es ein argumentatives Gleichgewicht gibt, stehen Sie vor einer echten Entscheidung.

Die Schöpfer lauter Modelle träumen davon, die Wirklichkeit »vorzudenken«, also für jeden möglichen Fall eine Handlungsrichtlinie in der Schublade zu haben. Ein fatales Versprechen. Denn es kann nicht eingelöst werden.

Modelle gaukeln uns Kompliziertheit vor, wo eigentlich Komplexität herrscht. Wenden Sie solche Modelle in der komplexen Welt an, handeln Sie nach Maßstäben der Kompliziertheit. Sie befolgen Regeln, ziehen Pläne durch, handeln linear. Um jeden denkbaren Fall abzudecken, müsste Ihr Modell mindestens genauso komplex sein wie das komplexe System, das Sie beherrschen wollen. Zu diesem Ergebnis kam jedenfalls der britische Psychiater und Vordenker William Ross Ashby (1903–1972), der sich Mitte des 20. Jahrhunderts als Komplexitätsforscher und Begründer der Kybernetik hervortat. Laut dem Ashby'schen Gesetz wird für ein hochkomplexes, hochdynamisches Problemsystem ein mindestens ebenso hochkomplexes, hochdynamisches Lösungssystem benötigt. Vereinfacht ausgedrückt: Komplexität kann man nur mit Komplexität begegnen. Und die muss in meinem jeweiligen System immer mindestens genauso groß oder größer sein als die Komplexität, auf die ich reagiere. Das heißt, wenn das System über mehr Optionen verfügt, als Problemfälle auf mich einprasseln, dann habe ich immer eine passende Antwort parat.

Sie können sich in einer komplexen Situation nur behaupten, wenn Sie weiter denken als Ihr Modell. Das Problem ist nur, dass Sie ja nicht alles in Ihr Modell einbauen können. Sie können nicht jede Eventualität einkalkuieren. Das ist völlig unmöglich. Denn sonst würden unsere Pläne ja aufgehen. Was sie bekanntlich nicht tun.

Wie müsste ein Modell aussehen, das komplexer ist als komplex? Oder zumindest genauso komplex? Wie eine Landkarte im Maßstab 1:1. Das »Lösungssystem«, die Landkarte, müsste mindestens genauso groß sein wie das zu regulierende »Problemsystem«, beispielsweise das Straßennetz – inklusive Verkehrsbewegungen – innerhalb einer Stadt.

Ein komplexes System ist selbst sein einfachstes Modell. Wenn ich die komplexe Realität in ein Modell zwänge, bin ich gezwungen, so viel wegzulassen, dass etwas völlig anderes entsteht. Die Ungenauigkeit durch den Reduktionsakt reicht bei komplexen Systemen aus, um riesige Abweichungen zu erzeugen.

1:1, das klingt nach einer ziemlich großen Landkarte. Und diese Idee haben wir schon längst ad acta gelegt. Ich frage mich, ob es ein vergleichbar komplexes Modell überhaupt geben kann... Um dies zu überprüfen, folgen Sie mir nun nach Rumänien

Das zerstörte Spiegelkabinett

Dorthin führte mich vor einigen Jahren ein Beratungsauftrag. Unser Klient war einer der großen Automobilzulieferer der Welt. Wie die meisten Unternehmen der Branche produziert auch dieses im großen Stil in Osteuropa.

Die Aufgabe bestand darin, für ein ABS-Steuergerät der neuesten Generation eine vollautomatische Montagelinie zu installieren. Vollautomatisch heißt, dass am Anfang einer kompletten Maschinenstraße Platinen, Gehäuse, Steckverbinder und sonstige Einzelteile einlaufen und am Ende der Straße die fertigen Steuergeräte herauskommen – je nach Bedarf sogar schon in Industriepackungen zu mehreren Stück. Die gesamte Fertigung und sämtliche Prüfprozesse werden von Robotern übernommen. Menschliches Eingreifen ist nur im Fehlerfall nötig.

Die Mitglieder des Planungsteams hatten im Auftrag der Werksleitung bereits ein Konzept erarbeitet. Und sie konnten die

Entscheidung für eine vollautomatische Montagelinie – im Gegensatz etwa zu einer Hybridlösung, bei der eine rudimentäre Form von Handarbeit hinzukommt – einleuchtend wirtschaftlich begründen. Der Produktionsplan sah vor, täglich 2000 Steuergeräte zu fertigen. Bei Stückzahlen dieser Größenordnung ist eine vollautomatische Lösung am kostengünstigsten. Laut Kalkulation waren, um das Produktionsziel zu erreichen, mindestens 19, maximal aber 21 Schichten pro Woche erforderlich. Damit war ein zeitlicher und personeller Puffer eingeplant für den Fall, dass defekte Einheiten repariert oder neu gefertigt werden mussten.

Grafisch muss man sich die Kalkulation für die vollautomatische Fertigung von 2000 Steuergeräten wie eine tiefe, bauchige, nach oben eng zulaufende Parabel vorstellen – wie ein schlankes U. Die X-Achse des Koordinatensystems gibt die Stückzahl an, die Y-Achse die Produktionskosten pro Einheit. Die angepeilte Zahl von 2000 Einheiten pro Tag stellt den Scheitelpunkt der Parabel dar. An dieser Stelle sind die Kosten minimal. Rechts und links davon – also bei höheren oder niedrigeren Produktionszahlen – schießt die Kurve nach oben. Wird die Stückzahl unter- oder überschritten, schnellen die Kosten pro Einheit rasant in die Höhe.

Das Planungsteam hatte ganze Arbeit geleistet. Bei 2000 Steuergeräten pro Tag rechnete sich die Produktion. Und zwar richtig gut. Die Kalkulation war optimal, die Auslastung perfekt. Da konnte nichts mehr schiefgehen. Ein akkurates Planungsmodell.

Wrong Turn!

Meine Kollegen und ich hatten die Aufgabe, mit dem Planungsteam einen Workshop durchzuführen. Es galt, durch kritisches Hinterfragen falsche Grundannahmen zu identifizieren und, falls nötig, Alternativen zu erarbeiten. Deutlicher formuliert: Wir sollten herausfinden, was die bisherige Planung taugte. Also fragten wir drauflos.

»Was passiert, wenn sich die Menge deutlich erhöht? Angenommen, Sie müssen plötzlich 2400 Steuergeräte am Tag produzieren. Schaffen Sie das?«

»Na, aber die Planungsgrundlage sind doch 2000 Stück pro Tag«, lautete die Antwort.

»Und jetzt sind es aber auf einmal 2400«, insistierten wir. »Wie gehen Sie vor?«

»Nee, die Planungsgrundlage sind 2000 Stück pro Tag«, hieß es stereotyp.

Es brauchte viel Geduld, um die Planer dazu zu bringen, die Scheuklappen abzulegen. Ihre Anweisung lautete, die Montagelinie für 2000 Einheiten zu konzipieren. Wozu die Vorgabe einer unplanmäßigen Realität anpassen? Nur der Plan zählte. Alles andere war irrelevant. Es dauerte Stunden, bis die Planer sich überhaupt auf das Gedankenexperiment einließen, dass die Produktionszahlen abweichen könnten.

Schließlich stellte sich heraus, dass die Maschinenstraße einen Bedarf von mehr als 2200 Produktionseinheiten pro Tag nicht würde bewältigen können. Stattdessen wären im Falle einer erhöhten Produktion manuelle Arbeitsplätze erforderlich, die man zusätzlich einrichten müsste. Wodurch der Stückpreis des Produkts deutlich ansteigen würde.

»Sehen Sie?«, triumphierte der Teamleiter. »Deswegen ist unsere Planvorgabe so wichtig!«

»Sie vergessen eines«, erwiderte ich. »Nämlich die Möglichkeit, dass Ihre Roboter schon weit unterhalb der Planvorgabe schlappmachen. Was passiert mit dem Stückpreis, wenn die Montagelinie am Tag nur 1500 Einheiten ausspuckt?«

Ohne in die Details zu gehen: Auch bei geringeren Stückzahlen wäre der Einzelpreis drastisch in die Höhe geschnellt.

Was meine Kollegen und ich bei den Teilnehmern des Workshops in Gang setzten, war Selbstreflexion. Indem wir die Planungsaspekte kritisch hinterfragten, gelang es uns, das Modell der Planung als solches zu entlarven. Und den Planern zu zeigen, dass dieses Modell aus mindestens zwei Gründen unbrauchbar war.

Zum einen wurde den Verantwortlichen klar, dass sie das Modell mit der Realität verwechselten. Mögliche Überraschungen, welche die Realität mit sich zu bringen pflegt, kalkulierten sie gar nicht erst ein. Alles schien ja im Modell berücksichtigt, so vollständig und durchdacht, wie es sich in den Tabellen und Prognosen darstellte. Außerdem erwarteten die Vorgesetzten eine »saubere Planung«. Die Planer hatten den Tunnelblick. Zum anderen ging ihnen auf, dass ihr Planungsmodell zu perfekt daherkam. Zu glaubwürdig. Als wäre es der einzig richtige Weg – der zwangsläufig zum Erfolg führen würde. Bestätigungsfehler!

Kurz, im Rahmen des Workshops wurde vor allem eines deutlich: dass die Realität auch ganz anders aussehen könnte als geplant.

Diese Einsicht in den Köpfen der Planer zu verankern war schwer genug.

Noch schwerer war es, die Teilnehmer zu gesundem Zweifel zu erziehen. Dazu, sich anzugewöhnen, ihr Modell nicht mit der Wirklichkeit zu verwechseln. Sie zu eigenem Denken und Handeln anzuhalten, indem ihnen aufzeigt wurde, wie viel sie gewinnen konnten, wenn sie ihr Modell bewusst stumm gestalteten – also grob, unscharf, wegen offener Fragen vermeintlich fehleranfällig – in Wahrheit aber flexibel und damit als einziges Modell der komplexen Realität überhaupt ebenbürtig.

»Stumm« trifft es am besten. Damit Pläne überhaupt sinnvoll sein können, gilt es, sie bewusst stumm zu gestalten. Also nicht laut, nicht zwanghaft tonangebend beim Handeln und bei strategischen Ausrichtungen. Natürlich bieten Prognosen Anhaltspunkte, um eine Fertigungsstraße zu errichten. Aber ein Unternehmen kann nie wirklich voraussagen, wie der Markt reagieren wird, wie dessen Anforderungen aussehen werden und wie sich die Nachfrage entwickeln wird.

Ein Plan ist gut. Deutlich besser ist der gesunde Zweifel.

Offene Fragen, Denk- und Entscheidungspausen: Sie müssen in das Modell einbezogen werden. Das Modell wird dadurch bewusst unscharf gestaltet, es gewinnt an Komplexität, weil ihm seine gefährliche, geradezu toxische Perfektion genommen wird.

Den Plan absichtlich »verschlechtern«? Sie finden, das klingt absurd? Und Sie fragen sich, wie das funktionieren soll – mit Hilfe eines »schlechten« Modells besser mit der komplexen Welt klarzukommen?

Wir sind nicht die Roboter

Die Geschichte um den rumänischen Automobilzulieferer hat eine entscheidende Wendung. Im Laufe des Workshops spielten wir mit dem Kunden nämlich noch eine Alternative zu seinen existierenden Plänen durch. Die bestand in einer nicht-vollautomatisierten Montagelinie, einer Art intelligentem Mischbetrieb: Einerseits gäbe es Produktionsabschnitte, in denen Maschinen die Einzelteile verarbeiten oder prüfen, andererseits würden Menschen die Maschinen bedienen, indem sie letztere mit Material oder Daten füttern, fertige Teile entnehmen oder Zwischenprodukte weiterverarbeiten würden.

Ergebnis: Bei derselben Produktionsmenge von 2000 Einheiten pro Tag lag der Einzelpreis eines Steuergeräts signifikant über dem geplanten Betrag. Eigentlich ein k.-o.-Kriterium. Grafisch gedacht, verschob sich der Scheitelpunkt der Kostenparabel auf der Y-Achse nach oben. Dafür allerdings hatte die Kurve einen wesentlich flacheren Verlauf. Sie sah nicht mehr aus wie ein schlankes U, sondern eher wie eine weite Obstschale. Schon bei einer reduzierten Produktionsmenge von 1800 Einheiten wäre der Einzelpreis deutlich niedriger ausgefallen als im Planungsmodell und bei 1000 Einheiten noch weit niedriger. Analog dazu sanken die Stückkosten im Vergleich zur ursprünglichen Planung auch bei einer höheren Auslastung der Fertigungsstrecke, also bei täglichen Stückzahlen von 2400 oder 2800 Einheiten.

Und es kam, wie es kommen musste: Die geplante und prognostizierte Stückzahl von 2000 ABS-Steuergeräten täglich wurde in dem rumänischen Werk nie getroffen! Der tatsächliche Wert lag immer entweder unterhalb oder oberhalb der 2000er-Marke. Die Montagelinie komplett zu automatisieren und auf 2000 Einheiten zu optimieren wäre das Dümmste gewesen, was die Firma hätte tun können.

Spätestens in einer unerwarteten Situation wie der Weltwirtschaftskrise 2008/09, als die Börsenkurse in den Keller rutschten und niemand mehr Autos kaufte, wäre das Unternehmen mit diesem Plan wirtschaftlich schlecht dran gewesen. Ebenso im umgekehrten Fall. Bei einem überraschenden Branchenboom hätte der Zulieferer plötzlich mit der Herausforderung zu kämpfen gehabt, Menschen in die Produktionsprozesse zu integrieren und nebenbei die Folgen des erhöhten Stückpreises zu bewältigen.

Die Hybridlösung aus maschinellen Produktionsschritten und »Handarbeit« ermöglicht mehr Flexibilität. Das Modell ist bewusst offen gestaltet; es mag zwar nicht so perfekt sein, wie ursprünglich berechnet, aber dafür funktioniert es. Es ist theoretisch nicht optimal, dafür aber praktisch nützlich. Und der Preis dafür war vergleichsweise gering.

Aber bitte lernen Sie jetzt nicht das Falsche. Es geht hier nicht um *best practice*. Die Hybridlösung, wie wir sie für den Automobilzulieferer entwickelten, ist nicht der springende Punkt und schon gar nicht ein Allheilmittel. Mir geht es hier vielmehr um *best thinking:* sich also nicht blind auf laute Modelle festzulegen, sondern die Modelle zum Verstummen zu bringen und das eigene Denken zu integrieren. Der Vorteil dabei: Sie werden gezwungen, verschiedene Szenarien zu entwerfen und Ihr Handeln darauf auszurichten. Das heißt, Sie können sich vorbereiten.

Letztlich taten meine Kollegen und ich nichts anderes, als dem

Planungsteam des Automobilzulieferers ein Werkzeug an die Hand zu geben, mit dessen Hilfe es Entscheidungen treffen konnte. Echte Entscheidungen! Wir halfen dem Team quasi dabei, zur Möglichkeit des eigenen Denkens zurückzufinden. Das Team ließ nicht mehr das Modell entscheiden, sondern ergriff selbst wieder die Initiative, frei nach dem Motto: »Welche Stückzahl-Flexibilität wollen wir uns denn gönnen?«

Unser vermeintlich schlechtes, stummes Modell war deshalb gut, weil es nicht alles von allein regelte. Es enthielt Parameter wie den, dass ein Mensch zu einer Maschine gehen und sie mit Daten füttern muss. Oder dass er ein halbfertiges Zwischenprodukt begutachten, freigeben und in die nächste Maschine einsetzen muss, die dann erst den Produktionsprozess fortsetzt.

Zwar können an solchen neuralgischen Punkten einerseits Fehler passieren, aber andererseits lassen sich größere Fehler, unangenehme Überraschungen und unerwartete Katastrophen auch viel leichter verhindern – weil Menschen gezwungen sind, selbst zu denken, eigenverantwortlich Entscheidungen zu treffen, eigenständig zu handeln. Mit einem Wort, weil das gesamte komplexe Ganze mit Eigenkomplexität gekontert wird. Nur Menschen können der Komplexität eines Systems etwas entgegensetzen, weil Menschen in der Lage sind, hochkomplex zu agieren – erst recht dann, wenn sie sich in sozialen Systemen organisieren, sprich, wenn sie in Gruppen zusammenarbeiten.

Menschen füllen die Lücken im unvollständigen Modell. Wann immer Menschen Teil des Modells werden, gelingt es ihnen, durch eigenständige Entscheidungen komplexe Prozesse zu bewältigen. Das klappt natürlich nur, wenn das Modell ihnen explizit die Möglichkeit dazu lässt, also an sich schon lückenhaft konzipiert ist. Wie schon gesagt: Komplexität kann man nur mit Komplexität begegnen.

Mit stummen Modellen zu arbeiten heißt nichts anderes, als einen Teil der Macht über das vermeintliche Chaos in der komplexen Welt zurückzuerobern. Und Zweifel helfen zu verhindern, dass man das Modell für die Realität hält.

Mit stummen Modellen ist der Mensch wieder am Drücker. Und kann seine eigene Komplexität zur Bewältigung komplexer Situationen einsetzen. Es lohnt sich allemal, wieder selbst am Drücker zu sein. Ashby hätte seine wahre Freude daran!

Es war übrigens gar nicht falsch, dass ich am Bahnübergang gebremst habe, als der Strom ausgefallen war. Denn mein Modell war ganz schön lebensgefährlich. Bremsen fördert bisweilen das Denken.

7. Termintreu ohne Puffer

Ich bin furchtbar spät dran. Den Anpfiff des Länderspiels will ich nicht verpassen, aber ich kann auch nicht einfach die Sixpacks wieder ins Regal stellen und an der elend langen Schlange und der Kasse vorbei ins Freie türmen, denn ich habe versprochen, Bier mitzubringen. Meine Freunde würden mich steinigen, wenn ich mit leeren Händen käme. Also stelle ich mich an und zähle die Minuten.

Dass der Supermarkt vor dem Spiel rammelvoll sein würde, hätte ich mir eigentlich denken können. Nachher, wenn der Ball rollt, wird hier drinnen gähnende Leere herrschen. Als Fußballverächter könnte man dann in aller Ruhe einkaufen – aber ich freue mich auf das Spiel und stehe in der Schlange.

Vor mir und hinter mir stehen Menschen an, die geduldiger sind als ich. Obwohl es ebenfalls überwiegend Männer sind, die, bepackt mit Bier und Chips, dem Spiel entgegenfiebern. Es ist wie ein Konjunkturzyklus. Oder wie eine Spitze im Produktionsprozess einer Fertigungsstraße.

Während ich über die Parallelen von Supermarkt und Management nachdenke, pirscht sich die unvermeidliche Pädagogikstudentin an. Mit einer Fünfminutenterrine in der Hand läuft sie an der Schlange vorbei und versucht, sich zwei Kunden hinter dem vordersten Kunden in die Reihe der Wartenden zu drängeln. Sie guckt sich immer einen Mann aus und haucht dann mit betörendem Augenaufschlag und Unschuldsmiene: »Ich habe nur diese eine Sache hier, darf ich vielleicht vor?«

Diese Pädagogikstudentin gibt es in jedem Supermarkt in jeder Stadt auf der Welt. Und je länger die Schlange vor einer Kasse, desto größer die Wahrscheinlichkeit, dass sie auftaucht. Diese hier hat ihre Zielperson hinter dem Kopf der Schlange bereits anvisiert. Gleich wird sie zuschlagen, und alle, die weiter hinten in der Schlange stehen, werden das Nachsehen haben und jeweils eine Minute Zeit verlieren. Elf Personen stehen zwischen dem ausgeguckten Opfer nahe der Kasse und mir. Macht elf Minuten Gesamtzeitverlust für das Wartekollektiv, verursacht durch einen einzigen Augenaufschlag. Ich sehe auf die Uhr: Ist noch Zeit? Kann ich mich mit der Situation abfinden? Oder muss ich eingreifen?

Ich entscheide mich für Letzteres. Und brülle von hinten nach vorne: »Nein!«

Köpfe drehen sich zu mir um. Aber die Pädagogikstudentin ist siegesgewiss und lässt sich nicht ablenken, sie spricht das Opfer an.

Ich rufe: »Nein, wir lassen Sie nicht vor! Hinten anstellen!«

Das polarisiert. Einige der Leute vor mir in der Schlange wenden sich kopfschüttelnd von mir ab, andere sehen so aus, als würden sie mir liebend gern zustimmen, trauen sich nur nicht. Die Ersteren haben vermutlich keine Ahnung von Fußball.

Aber die Pädagogikstudentin ist bereits am Ziel. Der betörte Mann hat sie vorgelassen, ihre Fünfminutenterrine liegt schon auf dem Band. Da dreht sie sich kurz um und schaut nach hinten. Unsere Blicke treffen sich. Sie lächelt ... Wow! Na gut, denke ich. Sei's drum. In den ersten Minuten wird schon kein Tor fallen ...

Der Punkt mit der Pünktlichkeit

Dass stumme Modelle in der komplexen Realität besser funktionieren als das sture Anwenden vorgefertigter Regeln, ist im vorigen Kapitel klar geworden. Damit ist aber noch nicht die Frage beantwortet, wie richtiges Handeln in Situationen, in denen ich selbst denken und entscheiden muss, denn nun aussieht. Wenn Logik nicht hilft, wenn in komplexen Systemen logische, folgerichtige

Maßnahmen das Gegenteil des Beabsichtigten bewirken können und wir jederzeit in einen Wrong Turn rasseln können – wie sollen wir dann die richtigen Maßnahmen ergreifen, um Probleme zu lösen? Die Frage ist also: Wie kommt man in einer komplexen Umwelt und in dynamischen, nicht-vorhersehbaren Systemen zu echten Verbesserungen und Lösungen?

Besonders drängend ist diese Frage beispielsweise in Produktionsunternehmen. Deshalb entführe ich Sie für dieses Kapitel noch einmal in die bizarre Welt des zweiten Sektors der Volkswirtschaft. Denn überall dort, wo produziert wird, gibt es ein interessantes Phänomen, an dem sich der Umgang mit komplexen Systemen sehr schön nachvollziehen lässt. Das Phänomen heißt: mangelnde Termintreue.

Mangelnde Termintreue? – Viele leugnen das: Wir in Deutschland, wir liefern wie bestellt! Der Textilunternehmer Wolfgang Grupp von Trigema beispielsweise polemisiert süffisant: »Die Anderen bestätigen die Aufträge, aber liefern nicht – wir bestätigen nicht, sondern liefern.« Aber ich behaupte trotzdem, dass die mangelnde Termintreue eines der größten Probleme in der Industrie ist, obwohl so gut wie alle Unternehmen offiziell und nach außen hin termintreu sind.

Klar, Terminuntreue und an die Wand gefahrene Zeitpläne sind nicht nur eine Spezialität von Unternehmen. Man denke an bestimmte Bauprojekte oder auch nur an die Bearbeitung der eigenen Steuererklärung seitens des Finanzamts. Doch bleiben wir bei den produzierenden Unternehmen und deren Umgang mit Zeitplanung und Terminzusagen. Dabei sehe ich drei Gruppen von termintreuen Produktionsunternehmen.

Die erste, vermutlich kleinste Gruppe liefert wirklich pünktlich. Warum? Weil diese Unternehmen hervorragend sind, weil dort echte Könner am Werk sind, weil sie ihr Geschäft einfach aus dem Effeff beherrschen und sich nicht durch laute Modelle die Sinne vernebeln lassen.

Die Unternehmen der zweiten Gruppe reklamieren für sich Pünktlichkeit, weil sie ihre Termintreue kreativ messen – nicht am Wunschtermin des Kunden, sondern am letzten genannten und bestätigten Termin: Eigentlich war der 31. Oktober der Wunschtermin. Aber dann wurde bereits der 31. Dezember als Auslieferungstermin ausgehandelt. Mittlerweile wurde als spätestmöglicher Ersatztermin der 31. März des Folgejahres vereinbart. Ausgeliefert wurde letztlich am 15. März. Erfolgte die Auslieferung nun um zwei Wochen zu früh oder um ein halbes Jahr zu spät? Sie entscheiden …

Diese Sorte Termintreue erinnert mich immer an meinen Daumen. An dem befürchtete ich einmal eine Sehnenscheidenentzündung, was für einen Pianisten und Bassisten unangenehm ist, weshalb ich zu einem Orthopäden ging. Ich hatte einen Termin für 11.00 Uhr und war pünktlich da. Das freundliche Gesicht der Sprechstundenhilfe signalisierte mir sogleich, es sei wahnsinnig viel los. Außerdem gebe es einen Notfall, der vorgezogen werden müsse. Etwa 11.50 Uhr könne es schon werden. – Nun gut, ich setzte mich ins Wartezimmer und las. Um fünf vor zwölf schaute das freundliche Gesicht herein, strahlte mich an und sagte: »Herr Dr. Vollmer, bitte schön!« Um stolz hinzuzufügen: »Es hat nur fünf Minuten länger gedauert!« – Aus 55 Minuten waren im Handumdrehen fünf Minuten geworden. Das meine ich mit kreativer Termintreue.

Aber da ist noch die dritte Gruppe. Vermutlich die größte. Diese Unternehmen sind deshalb nach außen hin gegenüber dem Kunden termintreu, weil sie einen unglaublichen Aufwand betreiben. Heerscharen von Leuten sind am Werk, Ad-hoc-Teams aus internen und externen Arbeitskräften leisten zahllose Überstunden, es gibt Krisensitzungen, es gibt die unterschiedlichsten Pläne, die aufgestellt, umgeworfen, neu erstellt und wieder umgeworfen werden, es gibt besorgte Anrufe von Kunden beim Geschäftsführer, beruhigende Anrufe des Geschäftsführers beim Kunden, es gibt Ärger und Druck, Belohnungen werden versprochen für den Fall, dass doch noch alles klappt, es gibt Höchstleistung, Frust, Workarounds, Ad-hoc-Lösungen, Geistesblitze, Teamgeist, Rettungstaten, alles geht durcheinander, kurz, mit enormem Aufwand und Verschleiß, zu erheblichen Kosten und mit Müh und Not wird der Termin tatsächlich gehalten. Aber eigentlich ist das keine Termintreue.

Das geschilderte Szenario ist sicher übertrieben, aber nur ein bisschen. Im Kern sind nur wenige Produktionssysteme in der Lage, aus sich selbst heraus Termintreue zu erzeugen.

Der Grund, warum Pläne nicht aufgehen, ist einfach: Es handelt sich um ein komplexes System – trotzdem versuchen es die Führungskräfte mit Steuerungsinstrumenten, die in linearen Systemen ja auch bestens funktionieren und von denen man glaubt, sie würden dies auch in einem komplexen Umfeld tun. Nach allem, was Sie nun wissen, kann das nicht funktionieren.

Die Frage ist nur: Wie wollen Sie es stattdessen machen?

Mehr vom Gleichen ... bis es kracht

Der Lösung auf die Spur kommen Sie, wenn Sie sich genau ansehen, wie die Manager und alle Beteiligten auf die anhaltenden Terminprobleme in der Fertigung reagieren: mit intuitiver Logik. Die Leute sagen sich: Wenn wir ständig zu spät fertig werden, dann sollten wir für den Prozess einfach mehr Zeit einplanen. Und wenn wir hinten einen fixen Termin haben, sollten wir eben vorne früher anfangen, damit wir hinten pünktlich rauskommen. Logisch! Also wird die Plandurchlaufzeit erhöht. Die Pufferzeiten im Projektplan sollen größer werden und hoffentlich so groß, dass die Termintreue endlich passt.

Was dann passiert? Die Aufträge bzw. Projekte werden früher freigegeben und gestartet, weil jetzt für jeden Auftrag mehr Zeit vorgesehen ist. Also laufen mehr Projekte parallel. Ergo: Der Bestand an laufender Arbeit wird größer. Das ist genauso wie im Supermarkt vor dem Länderspiel: Der Laden ist voll, die Schlangen vor den Kassen werden länger.

Die Produktionshalle ist voll mit Halbfertigprodukten, die auf ihre Bearbeitung warten. Bei jedem einzelnen Prozessschritt, vor jeder Maschine staut sich die Arbeit. Dadurch erhöht sich die Zeit, die der Auftrag braucht, um durch den Prozess zu kommen. Genauso wie sich die Aufenthaltszeit im Supermarkt erhöht, weil man ja an der Kasse Schlange stehen muss. Die reale Durchlaufzeit steigt. Richtig, man hatte ja auch die Plandurchlaufzeit erhöht. Aber wo ist der schöne Puffer jetzt nur geblieben?

Wir befinden uns im Teufelskreis der Fertigungssteuerung: Sie wollen mehr Zeit haben und planen mehr Puffer ein, aber dadurch steigt nicht die Rest-Zeit bis zum Termin, sondern die Wartezeit vor der Bearbeitung, sodass der Puffer weg ist und Sie nichts gewonnen haben. Aber das allein wäre nur unpraktisch, ungeschickt und teuer und hat im besten Fall noch keinen Einfluss auf die Termintreue. Gut, überall in der Halle stapeln sich die Halbfertigwaren, dadurch ist viel Umlaufkapital gebunden, die Liquidität ist unter Druck, es ist schwer, den Überblick zu behalten, weil so viele Projekte parallel laufen, und jede Menge wertvolle Fläche wird verbraucht. Auch jenseits der Produktion staut sich alles: Im Konstruktionsbüro wachsen die Papierberge, der Einkauf wird genötigt, noch mehr und noch früher zu bestellen. Aber am Ende müsste doch zumindest der Termin zu halten sein! Wenn nicht …

Sie ahnen es, jetzt kommt die Pädagogikstudentin ins Spiel!

… wenn nicht ständig der Eilauftrag, der Chefauftrag, die Sonderbestellung dazwischenkämen. Na klar, je mehr Aufträge parallel in der Produktion sind, desto häufiger gibt es einen dringenden Sonderfall, das ist eine statistische Wahrheit. Und viele Eil- und Chefaufträge werden überhaupt erst durch die länger gewordene Durchlaufzeit nötig. Das bedeutet, dass ständig jene Projekte, die an einem Prozessschritt warten müssen, dran glauben müssen. Es gibt immer mehr Streuung innerhalb der Pläne, es wird immer unvorhersehbarer, wann welcher Auftrag an welchem Prozessschritt durchkommt, und die Termintreue wird immer miserabler.

Und dann schließt sich der Teufelskreis: Weil die Termintreue schon wieder schlechter geworden ist, fehlt anscheinend immer noch der Puffer. Also muss künftig noch früher angefangen werden. Die Plandurchlaufzeit wird weiter erhöht und dadurch …

Manche Unternehmen bewegen sich jahrelang in diesem Kreis immer weiter nach unten in Richtung Höllentor. Auf dem Gelände werden Zelte errichtet, in denen die halbfertige Ware gestapelt werden kann. Neue Hallen werden gebaut. Neue Maschinen werden angeschafft, um noch mehr Parallelität bewältigen zu können … Wenn Ihnen dieses Szenario unbekannt vorkommt, dann laufen Sie bitte einmal über das Gelände eines typischen Fertigungsbetriebes.

Übrigens gibt es diesen Teufelskreis auch im dritten, dem Dienstleistungssektor: Die Aufträge stapeln sich bis unter die Decke, es gibt zig unbeantwortete E-Mails, es dauert immer länger, eine bestimmte Dienstleistung zu erbringen, jeder Mitarbeiter fühlt sich als Flaschenhals mit immer längeren To-do-Listen. Willkommen im 21. Jahrhundert!

Gegen den Strich

Die Lösung? Auf die kämen Sie, wenn Sie in eine Flugschule gingen. Einer meiner Klienten ist Segelflieger, und er hat mir vom Unterricht erzählt. Da wird unter anderem intensiv der Windenstart geübt: Mittels einer starken Seilwinde wird das Segelflugzeug an einem langen Seil zunächst langsam, dann immer schneller bis auf eine Geschwindigkeit zwischen 70 und 120 Stundenkilometern gezogen, sodass es Wind unter die Flügel bekommt, abhebt und recht steil aufsteigt. An einem bestimmten Punkt wird das Flugzeug dann ausgeklinkt und macht sich selbstständig auf die

Suche nach einer schönen Thermik, um noch höher steigen zu können. Das Prinzip ist das gleiche wie beim Drachensteigenlassen. Dabei wirken enorme Kräfte auf das Seil, weshalb nicht auszuschließen ist, dass es einmal reißt.

Stellen Sie sich vor, Sie sitzen in einem antriebslosen Segelflugzeug, befinden sich gerade mitten im starken Steigflug beim Windenstart, die Neigung beträgt 45 Grad, vor sich sehen Sie nur Blau, Sie befinden sich in etwa hundert Meter Höhe – da reißt das Seil. Der Aufstieg verlangsamt sich abrupt, das Flugzeug droht in der Luft stehen zu bleiben und herunterzufallen. Was tun Sie?

Sie wollen nicht runter. Sie wollen nach oben. Oder zumindest oben bleiben. Also ziehen Sie intuitiv das Höhenruder an. Doch das ist leider genau das Falsche. Die intuitive, lineare Logik führt Sie in den sicheren Tod. Denn wenn Sie Höhenruder geben, bleiben Sie zwar tatsächlich noch kurz oben, verlangsamen aber damit das Flugzeug noch weiter, es folgt der sogenannte Strömungsabriss, der Auftrieb an den Tragflächen bricht mangels Luftgeschwindigkeit zusammen, Sie stürzen ab, 100 Meter senkrecht nach unten, Sie haben keine Überlebenschance.

In der Segelflugschule lernen Sie, in dem kritischen Moment, wenn das Seil reißt, genau entgegen Ihrer Intuition zu reagieren: Sie geben nicht Höhenruder, sondern Tiefenruder. Und zwar heftig! Das heißt, Sie kippen den Flieger und stellen ihn auf die Nase. Sie lassen ihn im Sturzflug Richtung Erde rauschen. Sie schauen sich das Grün an.

Natürlich agieren Sie damit brachial gegen Ihre Urängste, aber das müssen Sie, um Fahrt aufzunehmen. Alles, was zählt in diesem Moment, ist Geschwindigkeit relativ zur Luft. Denn nur mit genügend Wind unter den Tragflächen sind Sie manövrierfähig und erreichen einen stabilen Zustand. Es ist wie bei einem Fahrrad, das nur dann in einem stabilen Zustand ist, wenn es vorwärtsfährt. Ein stehendes Fahrrad fällt um. Und ein stehendes Flugzeug fällt vom Himmel.

Natürlich sollten Sie tunlichst die Nase rechtzeitig wieder hochziehen, bevor Sie sie in den Grund bohren, aber das geht nun leicht, weil die Ruder bei genügend Tempo sofort ansprechen. Das Schwierige und Gefährliche ist nicht das Abfangen des Fliegers am niedrigsten Punkt der Flugkurve, sondern das absichtliche Hinunterstürzen am höchsten Punkt.

Die Kunst besteht hier also darin, das Gegenteil von dem zu tun, was man reflexartig tun möchte. Und so verhält es sich generell bei komplexen Systemen, vor allem bei Wertschöpfungsprozessen innerhalb und außerhalb der Industrie und insbesondere bei der Termintreue in der Produktion: Reflexartig wollen Sie die Pufferzeit erhöhen.

Wrong Turn!

Stattdessen sollten Sie das genaue Gegenteil tun: Nehmen Sie den Puffer raus!

Prozess-Striptease

Bei Terminproblemen im Produktionsprozess ist die beste Abhilfe, den Puffer aus dem Prozess zu nehmen. Denn in Verzug sind Sie ja nicht, *obwohl* ein Puffer im Prozess ist, sondern *weil* sie einen Puffer im Prozess haben! Aber was passiert, wenn Sie keinen Puffer mehr im Prozess haben?

Handeln Sie kontraintuitiv: Nehmen Sie im Projektgeschäft, zum Beispiel in der Einzelfertigung im Maschinenbau, alle Puffer raus und planen Sie für den einzelnen Prozessschritt nur die drei Tage ein, die Müller an Maschine 17 tatsächlich brauchte, wenn alles perfekt liefe. Sehen Sie sich nur den nackten Prozessschritt an. Planen Sie nur die Nettozeit! Addieren Sie sämtliche gewonnenen Puffer und packen Sie sie ans Ende des Projekts. Die Puffer bleiben also durchaus noch innerhalb des Projekts, aber außerhalb des Prozesses! Im Seriengeschäft, wo große Produktmengen produziert werden und alle Teilschritte leicht mess- und berechenbar sind, brauchen Sie hingegen, anders als im Projektgeschäft, am Ende keinen Puffer. Aber was Sie auch hier brauchen, wenn Sie schneller werden wollen: einen geringeren Auftragsbestand in der Produktionshalle. Darum reduzieren Sie schlicht die Pufferzeiten zwischen den Produktionsschritten. Und zwar drastisch.

Dann wird gearbeitet. Alle Beteiligten treffen sich regelmäßig zu Statusberichten und schauen, wie viel Prozent des Gesamtpuffers verbraucht sind. Gemessen wird nur noch der Pufferverbrauch. Regelmäßig wird über die Konsequenzen des Projektverlaufs neu entschieden: Werden die Puffer zu schnell aufgebraucht, sind mehr Ressourcen erforderlich: ein Müller mehr, Überstunden. Die Mitarbeiter in der Prozesskette müssen selbst entscheiden, was sinnvoll und möglich ist, um an den richtigen Punkten das Tempo zu erhöhen.

Die Lösung für das Management besteht also darin, gerade keinen Druck mehr auf die Meilensteine auszuüben, sondern zu akzeptieren, dass in komplexen Umfeldern die Prozesse prinzipiell nicht durchplanbar sind. Die Projektbearbeiter brauchen nicht deshalb länger als gedacht, weil sie faul sind oder ihre Arbeit nicht ordentlich erledigen, sondern weil es normal ist, dass Unvorhergesehenes passiert. Außerdem bleiben Schätzungen immer noch Schätzungen – also prognostizierte Angaben und keine festzementierten Wahrheiten.

Druck ist nicht hilfreich, weil alle Mitarbeiter grundsätzlich selbst daran interessiert sind, pünktlich fertig zu werden. Sie möchten verlässlich sein. Aber jeden einzelnen Schritt nach Vorgabe pünktlich abzuwickeln ist weder machbar, noch interessiert das den Kunden. Den interessiert nur der endgültige Liefertermin.

Natürlich ist das konträr zur verbreiteten Planungswut und zum Sicherheitsdenken im Management. Aber es geht nun mal nicht schneller, wenn Sie Meilensteine setzen und kontrollieren, sondern langsamer! Die Prämisse lautet: Sie müssen Ihren Mitarbeitern vertrauen. Wenn Sie das nicht tun, vertrauen Ihnen die

Mitarbeiter auch nicht – und dann wären sie dumm, wenn sie bei einer geschätzten Bearbeitungszeit von acht Stunden nicht vorsichtshalber 36 Stunden angeben würden. Sie brauchen dann ja den heimlichen Puffer, um in Ruhe arbeiten zu können. Sobald Sie Ihre Mitarbeiter aber aus der Linearität des Prozessplans in die Freiheit der Komplexität entlassen, passen sie sich an und verhalten sich anders als im Plan vorgesehen. Es ist keine Frage der Motivation der Mitarbeiter, sondern eine Frage des Designs ihrer Arbeit!

Durch das Entpuffern der Prozessschritte reduzieren Sie den Arbeitsbestand in der Fertigung und damit die Anzahl der Pädagogikstudentinnen in der Schlange. Aber das ist noch nicht alles. Der Arbeitsbestand muss noch weiter runter!

Alle für einen!

Warum, das weiß der Reeder. Stellen Sie sich vor, ein norddeutscher Reeder hat einen Hafenmeister angestellt, der drei Terminals zu leiten hat. Der Hafenmeister hat drei Hafenarbeiter zur Verfügung. Nun ist es seine Aufgabe, die Fracht von drei Schiffen, die zeitgleich hereinkommen, zu löschen. Auf jedem Schiff herrscht mit lauter und einschüchternder Stimme ein bärbeißiger Kapitän. Jeder verlangt, dass sein Schiff so schnell wie möglich entladen wird, denn er möchte weiter zum nächsten Hafen, Zeit ist Geld. Die drei Kapitäne drängeln: Mach hin, Hafenmeister! Und der spurt. Er schickt sofort je einen Hafenarbeiter zu jedem Schiff, um deren Fracht so schnell wie möglich zu löschen. Nach drei Tagen sind alle drei Schiffe gleichzeitig fertig.

Die Kapitäne sind zufrieden, die Hafenarbeiter sind zufrieden, und der Hafenmeister ist es auch. Völlig zu Recht, denn schneller ging es wirklich nicht, alle drei Hafenarbeiter haben durchgearbeitet, die Produktivität war maximal. Neun Manntage, mehr war nicht drin. Eine stolze Leistung.

Dann kommt der Reeder ins Büro des Hafenmeisters und sieht die Frachtpapiere durch. Er vollzieht nach, wie der Hafenmeister die Situation bewältigt hat, bekommt einen hochroten Kopf und bekommt einen Wutanfall. Offenbar versteht er von Prozessen mehr als der Hafenmeister. Dessen Lösung war nämlich vergleichsweise schlecht, obwohl sie auf den ersten Blick so gut aussah und so logisch klang.

Die bessere Lösung sieht folgendermaßen aus: Am ersten Tag lässt der Hafenmeister zwei Schiffe im Hafenbecken ankern und holt nur ein Schiff an eines der Terminals. Die Flüche und Beschimpfungen der beiden wartenden Kapitäne hält er einfach aus. Er schickt alle drei Hafenarbeiter zum Terminal und lässt sie gemeinsam ausladen. Drei Arbeiter schaffen das in einem Drittel der Zeit, also in einem Tag. Am zweiten Tag holt der Hafenmeister das zweite Schiff, lässt wieder alle drei Arbeiter löschen, am dritten Tag wird das dritte Schiff gelöscht. Statt parallel an allen drei gleichzeitig zu arbeiten, wird nur an jeweils einem Schiff gearbeitet, dafür dreimal so schnell.

Jetzt könnten Sie fragen, warum das die bessere Lösung sein soll, schließlich ist die Produktivität doch die gleiche: Neun Manntage aufgewendet, und nach drei Tagen ist alles erledigt. Die Produktivität der Mitarbeiter ist aber nicht die richtige Messgröße! Jedenfalls nicht die richtige Messgröße für die Wirtschaftlichkeit des Gesamtsystems.

Meiner Erfahrung nach schauen insbesondere Menschen der Gattung Manager vorwiegend auf die Zustände und tun sich mit dem Faktor Zeit schwer: Sie bringen ständig Bearbeitungs- und Durchlaufzeiten durcheinander.

Der entscheidende Punkt für den Hafen ist, dass trotz gleichbleibender Bearbeitungszeit die Gesamtliegezeit der drei Schiffe auf diese Weise nicht neun Tage, sondern nur sechs Tage betrug: Das erste Schiff hatte nur einen Tag Liegezeit statt drei, das heißt, es sparte zwei Tage. Das zweite Schiff hatte zwei Tage Liegezeit statt drei und sparte einen Tag. Schiff 1 und 2 sparten zusammen drei Liegetage. Beim dritten Schiff wurde nichts gespart, dessen Liegezeit betrug in jedem Fall drei Tage. Insgesamt jedoch wurden drei Tage von neun Tagen gespart, das ist ein Drittel!

Der Hafen wäre damit gegenüber den Kunden, also den Kapitänen, nicht nur deutlich schneller gewesen, sondern er hätte auch nur ein Terminal gebraucht. Die anderen beiden Anlagen hätten anderweitig verwendet werden können. Und die Liquidität wäre erhöht worden, denn der Geldeingang wäre ebenfalls um drei Tage beschleunigt worden.

Jetzt ist klar, warum der Reeder so sauer war. Und warum Parallelität im Prozess schädlich ist. Jedenfalls die Sorte Parallelität, bei der eine Person parallel an mehreren Projekten arbeitet. Was sich aus diesem Beispiel verallgemeinern lässt, ist, dass die Wahl der richtigen Messgrößen viel anspruchsvoller ist als gemeinhin gedacht und praktiziert. Wir neigen dazu, die Produktivität von Mitarbeitern oder Maschinen über alles zu stellen. Aber das ist ein Trugschluss, der nur dadurch entsteht, dass wir unsere Optik eine Ebene zu tief einstellen. Auf den Mitarbeiter oder die einzelne Maschine bezogen mag es ja richtig sein, dass eine Vollauslastung günstig ist. Aber das heißt noch lange nicht, dass sich das Gesamtsystem dabei optimal verhält.

Bei der Termintreue glauben alle, dass das Problem auf der Ebene der Zeit auftaucht: Wir haben zu wenig Zeit für das Projekt. Wenn Sie sich aber nicht das einzelne Projekt, den einzelnen Prozessschritt ansehen, sondern das komplexe System der kompletten Fertigung, dann erkennen Sie, dass es kein Zeitproblem gibt, sondern ein Problem des zu hohen Auftragsbestands. Und das liegt an der zu frühen Projektfreigabe. Warum? Zu viel Parallelität!

Zurück zu dem Hafenmeister: Der lässt sein Team parallel drei Aufträge bearbeiten. Diese Sorte Parallelität verlangsamt alles und ist unwirtschaftlich. Der Reeder dagegen will die Parallelität der

Aufträge auflösen und dafür das Team immer nur je einen Auftrag bearbeiten lassen. Damit läuft alles schneller, schlanker und unkomplizierter. Außerdem macht es viel mehr Freude, die Fracht eines Schiffes zu dritt zu löschen als alleine!

Es gilt also nicht nur, entgegen allen Reflexen, die Puffer aus dem Prozess zu nehmen, sondern auch die Parallelität der Aufträge zu reduzieren. Das lässt sich übrigens wunderbar verallgemeinern, denn es gilt überall dort, wo mehrere Menschen gleichzeitig an mehreren Projekten arbeiten, auch außerhalb der Industrie. Und nicht nur in Projektorganisationen wie Agenturen oder Kanzleien. Jedes Unternehmen hat Projekte, beispielsweise Verbesserungsprojekte, Change-Projekte oder Entwicklungsprojekte. Und überall dort gilt es, die beschleunigende gemeinsame Arbeit an Projekten zu fördern und die bremsende Projektparallelität auszumerzen. Aber das hat Konsequenzen!

Eins nach dem anderen!

Eine ist, dass der zweite Seebär brüllen und der dritte toben würde – weil sie sich gegenüber dem ersten benachteiligt fühlen. Obwohl das absolut gar nicht stimmt, sondern nur relativ. Immer wenn Parallelität aufgehoben und Projekte nacheinander bearbeitet werden, entstehen Wartezeiten für die Projekte, die noch nicht dran sind. Man könnte auch sagen: Die Pufferzeit tickt bei den wartenden Projekten bereits vor der Bearbeitung teilweise herunter. Dazu brauchen Sie nicht nur Mut, sondern auch eine verbindliche Reihenfolge der Projekte. Das Management muss seine Konfliktscheu ablegen und Startnummern für die einzelnen Projekte vergeben.

Auch wenn Ihnen das klassische Zeitmanagement etwas anderes erzählt: Prioritätensetzungen funktionieren nur in statischen Systemen. Sobald es dynamisch wird, verhält es sich mit den Prioritäten immer sehr merkwürdig. Bei einem großen Automobilzulieferer sah ich einmal eines der typischen Ampelsysteme: Grün bedeutete, dass das Projekt im Plan war und ohne Probleme fertig wurde. Gelb hieß gefährdet, und Rot hieß notleidendes Projekt. Und wie funktionierte das System? Vorhersehbar: Die Projekte waren grundsätzlich immer grün. Immer. Nur ungefähr eine Woche vor Projektende wurde plötzlich schlagartig alles rot – jedes einzelne Projekt. Der Grund? Wenn der Sachbearbeiter frühzeitig unkte, dass ein Projekt gelb werden könnte, wusste sein Chef, wie er das verhindern konnte. Indem er dem beunruhigten Mitarbeiter versicherte: »Lassen Sie das Projekt ruhig mal auf Grün, ich helfe Ihnen, gemeinsam bekommen wir das hin … es muss ja nicht jeder wissen, dass wir eigentlich schon gelb oder rot sind. Vielleicht schaffen wir's ja noch. Also, bevor wir Ärger bekommen, lassen wir doch erst mal alles auf Grün, oder?«

Wenn Sie nicht wollen, dass im Fertigungsprozess nach und nach jeder einzelne Käufer, der in der Supermarktschlange steht, zur Pädagogikstudentin mutiert, müssen Sie die Wichtigkeit aus dem System eliminieren. Also: Es geht bei der Reihenfolge nicht um Priorität, sondern um eine bestimmte Folge. So wie am Postschalter oder im Bürgercenter: Jeder zieht eine Nummer, und wer dran ist, ist dran. Natürlich gibt es gute Gründe für eine sinnvolle Reihenfolge. Vereinbarte Termine beispielsweise oder der Einfluss auf die Liquidität.

Wichtig ist: Im Bürgercenter oder am Postschalter gibt es keine Pädagogikstudentinnen! Jeder zieht eine Nummer, fertig.

Der Effekt ist verblüffend: Obwohl die Produktivität am einzelnen Messpunkt die gleiche bleibt, steigt der Zeitgewinn im Projekt. Und in der Praxis zeigt sich fast immer: Kann die Durchlaufzeit gesenkt werden, steigt sekundär auch die Produktivität. Ein erfreulicher Nebeneffekt!

Das Verhältnis der realen Bearbeitungszeit zur gesamten Durchlaufzeit, also Nettozeit durch Bruttozeit, liegt in der Industrie häufig bei 1:100, manchmal noch deutlich höher. Ab einem

Verhältnis von 1:1000 stellt sich bei Kunden und Mitarbeitern das Behördenfeeling ein.

Andersherum betrachtet: Wenn ein Projekt schneller fertig werden soll, sollte das Team nicht schneller oder mehr arbeiten, sondern sich so organisieren, dass die angefangene Arbeit weniger herumliegt. Das bedeutet verrückterweise: Deutlich später anfangen mit dem Projekt! Aber wenn Sie es einmal angefangen haben, ziehen Sie es zügig und ohne Schnörkel und Extrawürste bis zum Ende durch. Dann steigen Termintreue, Liquiditätsdecke, Fehlerfreiheit, Geschwindigkeit pro Projekt, Mitarbeiterzufriedenheit, Kundenzufriedenheit und Stabilität. Später anfangen, um früher fertig zu werden – das geht nur in einer komplexen Welt. Da aber ist es genau das Richtige, so verrückt es sich zunächst auch anhört.

Es gibt Branchen, die realisieren dieses Prinzip in einem bestimmten Rahmen, zum Beispiel die Automobilindustrie. Wenn Sie einen Neuwagen bestellen, ziehen Sie quasi eine Nummer. Und warten. Und warten. Während Sie warten, können Sie noch etwas an dem Auftrag ändern, denn noch ist nichts passiert. Beispielsweise fällt Ihnen ein paar Wochen nach Auftragserteilung ein, dass Sie doch lieber ein Schiebedach hätten. Kein Problem! Das ändert am Liefertermin gar nichts. Aber x Tage vor dem Auslieferungstermin beginnt die sogenannte Frozen Zone. Ab diesem Moment kann nichts mehr geändert werden. Denn das Projekt wurde aus dem Hafenbecken und an das Terminal geholt, und die Produktion hat begonnen.

Wenn unwirtschaftlich wirtschaftlich wird …

Haben Sie diesen unorthodoxen Gedankengang einmal verinnerlicht, kommt er Ihnen ganz natürlich vor. Dabei ist er so anders, dass Sie, würden Sie ihn im Unternehmen vorschlagen, sofort auf Widerstand stießen. Das typische Gegenargument bringt die Kosten ins Spiel. In der Industrie grassiert die Angst vor den Stückkosten. Ganz allgemein gilt die Sorge immer den Kosten je Einheit, ob das nun eine Pumpe, ein Versicherungsantrag, ein Architekturentwurf oder eine Yogastunde ist. Und an dieser Stellschraube wird dann gedreht. Diese Kosten sollen im Namen der Produktivität reduziert werden, damit der gleiche Output weniger Input kostet.

Um das zu erreichen, werden in der Produktion Maschinenstundensätze und Personalstundensätze vorausgeplant, die mit der Zeit multipliziert werden, die das Bauteil auf der Maschine liegt und vom Mitarbeiter bearbeitet wird. An jedem Arbeitsplatz bekommt das Produkt ein paar Euro Kosten in den Rucksack gepackt. Dort, wo die Maschine zuerst gerüstet werden muss, werden entsprechend höhere Kostensätze multipliziert. Mit dieser herkömmlichen Denkweise wird der Wunsch erzeugt, alle Arbeitssysteme möglichst auszulasten. Was zunächst einmal wirtschaftlich klingt.

Auf den normalen, breiten, geradeaus führenden Straßen der schlichten Welt des 20. Jahrhunderts fällt dabei gar nicht weiter auf, dass Sie hier bereits die falsche Ausfahrt genommen haben. Sobald die Welt aber schnell, komplex, abrupt und gebirgig wird, so wie im 21. Jahrhundert, funktioniert diese Kostenrechnung nicht mehr. Weil die einfache, flache Welt so viel Ähnlichkeit mit der Straßenkarte hatte, wurden bei der Kalkulation Modell und Wirklichkeit verwechselt. Um es klar zu sagen: Stückkosten sind reine Fiktion. Es gibt Tausende verschiedener, sehr unterschiedlicher Methoden, Maschinenstundensätze zu kalkulieren – mit den unterschiedlichsten Ergebnissen. Diese Fantasiezahlen zu optimieren kann in der realen Welt zum genauen Gegenteil des Gewünschten führen!

Denn der Wunsch, möglichst wenig Personal einzusetzen und alle Maschinen voll auszulasten, verbessert nicht die Gesamtwirtschaftlichkeit der Unternehmung, sondern lediglich die Kostenkalkulation. Darüber hinaus verringert sich die Geschwindigkeit der Lieferung, was Wettbewerbsnachteile mit sich bringt, Umsätze verschieben sich nach hinten, die Verschwendung erhöht sich, es wird umständlicher gearbeitet, die Qualität sinkt, Mehrfachbearbeitung wird notwendig, unliebsame Überraschungen werden häufiger, der Platz in der Montagehalle wird knapper, das Erschließen neuer Märkte, auf denen man schnell sein muss, wird erschwert und vieles mehr. Die Gleichung lautet also: Bessere Kalkulation = schlechtere Gesamtperformance. Hätten Sie das gewollt?

Lernen, wie es besser geht, können wir alle von den neuen, mit Komplexität vertrauten Methoden aus der Softwareentwicklung. Beim sogenannten »eXtreme Programming« beispielsweise sitzen typischerweise zwei Leute gemeinsam vor dem Bildschirm. Der eine schreibt den Code, der andere überprüft in Echtzeit, was sein Kollege da fabriziert, und sorgt für die Konsistenz im Gesamtprojekt. Alle paar Minuten wird gewechselt. Das ist, durch die klassische Controller-Brille betrachtet, natürlich extrem ineffizient: Die Produktivität halbiert sich scheinbar! Aber es ist ungeheuer effektiv, denn die Qualität des produzierten Codes steigt dramatisch, und das Projekt ist zu zweit viel schneller fertigprogrammiert als von einer einzigen Person – in diesem schnellen Geschäft ein immenser Vorteil.

Mit dem Teleobjektiv, auf den einzelnen Arbeitsplatz scharfgestellt, ist so ein Vorgehen also unwirtschaftlich. Aber mit dem Weitwinkel, auf das gesamte System des Entwicklungsprojektes eingestellt, wird daraus eine überaus sinnvolle und wettbewerbsfähige Methode. In der verrückten Welt der dynamischen, komplexen Systeme funktionieren die alten Rezepte eben nicht mehr.

Entpuffern, entparallelisieren, entpriorisieren. Es braucht noch eine weitere Zutat, um die Arbeit in der Montagehalle besser zu organisieren. Wenn Sie den Schreibtisch oder die Werkhalle leerräumen und die überflüssigen Maschinen abbauen, dann behalten Sie nur noch jene wenigen Projekte im Prozess, an denen Sie wirklich gerade arbeiten. Und zwar immer nur an einem auf einmal. Alles andere fliegt raus und muss warten. Um dann aber nicht sofort wieder dem Druck des Wichtigen, Dringenden, der nackten Gewalt des Faktischen bzw. dem Augenaufschlag der Pädagogikstudentin zu erliegen, benötigen Sie einen breitschultrigen Türsteher. Sie brauchen das Disco-Prinzip vom Freitagabend: Drei dürfen rein, wenn drei rausgegangen sind. Alle anderen warten draußen. Das funktioniert auch bei Prozessketten: Der Türsteher lässt nur dann ein Projekt in die Werkhalle, wenn ein anderes gerade ausgeliefert worden ist. Und der Türsteher ist schlau, er sieht sich Geschlecht, Physiognomie und Kleidungsstil der Einlass begehrenden Gäste genau an und entscheidet mit Sachverstand, welcher Gast als Nächstes eingelassen wird. Gute Türsteher sind für den Umsatz genauso wichtig wie ein guter DJ. Auf die Werkhalle übertragen, gibt es sinnvolle und weniger sinnvolle Reihenfolgen bei den Aufträgen. Aber entscheidend ist: Sobald ein Auftrag einmal zur Fertigung oder Montage zugelassen worden ist, soll er von keinem anderen Auftrag mehr überholt werden.

Der Computerhersteller Dell beispielsweise arbeitet so: Das Unternehmen montiert die Computer auf den Kundenwunsch hin in atemberaubender Geschwindigkeit. Innerhalb von 24 Stunden kann jede Variante produziert werden. 24 Stunden – wohlgemerkt nicht nur für das Zusammenschrauben des PC, sondern auch für das Beschaffen neuer Teile und die Abwicklung der Logistik. Es wird aber nur eine bestimmte Anzahl von Aufträgen pro Tag zugelassen, alles andere muss warten.

Wenn Sie bisher nicht wussten, dass Sie einen Türsteher brauchen, der verhindert, dass Sie ein Projekt bearbeiten – damit Sie dieses Projekt am Ende viel schneller bearbeiten –, dann sind Sie in bester Gesellschaft. Wir sind es einfach nicht gewohnt, so zu denken.

Endlich wird's schwierig!

Das Produktions- und Prozesskettenbeispiel zeigt, worauf es in komplexen und dynamischen Systemen ankommt: Wir müssen begreifen, dass wir mit dem gewohnten, intuitiven, linearen, logischen Denken und mit der Fixierung auf einzelne Kenngrößen und Arbeitsplätze nicht weiterkommen.

Anstatt zu versuchen, steuernd einzugreifen, müssen wir uns von dem Gedanken der Steuerung in komplexen Systemen verabschieden. Es ist nicht möglich! Als Manager geht es uns wie Bundestrainer Joachim Löw: Sobald das Spiel angepfiffen worden ist, kann er die Partie nicht mehr steuern. Er kann nur im Vorfeld trainieren, die Wahrnehmung seiner Spieler schärfen, Laufwege einstudieren, weniger komplexe Situationen wie ruhende Bälle üben, Sinn stiften und den Teamgeist stärken, die Aufstellung festlegen usw. Das Spiel selbst entzieht sich seiner Steuerung.

Die Lösung lautet stattdessen: Sehen Sie sich das Ganze von einer höheren Warte aus an. Die Lösung des Problems liegt nicht bei der einzelnen Drehmaschine, sondern möglicherweise in der gesamten Fertigungsabteilung. Oder sie liegt nicht in der Fertigungsabteilung, sondern in der gesamten Prozesskette des Auftrags. Oder sie liegt nicht in der Prozesskette des Unternehmens, sondern in der gesamten Lieferkette aus Lieferanten und Kunden und den Kunden der Kunden des Unternehmens. Manager müssen lernen, im System gedanklich eine, zwei oder drei Ebenen höher zu schalten. Nicht den einzelnen Arbeitsschritt zu betrachten, sondern das ganze Projekt. Und sich dann auf eine noch höhere Ebene zu begeben: die Multiprojektebene. Das ist extrem ungewohnt, aber es ändert die Verhaltensweisen radikal.

Warum aber liegen bei dynamischen, komplexen Systemen die Lösungen nicht auf der Ebene des Problems oder Symptoms, sondern eine oder zwei Ebenen darüber? Die Antwort ist wenig erhellend: weil es so ist. Es ist wie bei der Abstandskontrolle auf einer Autobahn. Wenn die Polizei messen will, ob ein Fahrzeug den zulässigen Sicherheitsabstand unterschreitet, und dafür auf die naheliegende Idee kommt, automatisiert Fotos zu schießen, auf denen sich die Abstände objektiv messen lassen, dann hilft das noch gar nichts. Denn ein Abstand von 50 Metern kann bei niedrigen Geschwindigkeiten völlig akzeptabel sein, bei hohen Geschwindigkeiten dagegen sehr gefährlich. Auf der naheliegenden Ebene »Entfernung« lässt sich die Lösung nicht finden. Es bedarf einer zusätzlichen Dimension, einer höheren Komplexitätsebene: Die Zeit muss mit einbezogen werden. Mit der Kombination aus Zeit und Entfernung lässt sich die Geschwindigkeit berechnen – und mit der eingeblendeten Information »Geschwindigkeit« wird das Abstandsfoto plötzlich sinnvoll. Nun können Sie beurteilen, ob der Abstand zulässig oder strafbar war.

Nur: Diese Information erlaubt Ihnen zwar ein Urteil, aber entscheiden können Sie immer noch nichts, denn die Lösung liegt ja keineswegs auf der Hand. Sollte bei zu geringem Abstand der Vordermann schneller fahren? Oder der Hintermann langsamer? Oder besser beide nebeneinander statt hintereinander?

Genauso können Sie in einem Unternehmen von einer ausreichend hohen Komplexitätsebene aus zwar einschätzen, ob der Auftragsbestand zu hoch oder niedrig genug ist. Und können sich an die Problemlösung machen. Aber die Lösung liegt keineswegs auf der Hand. Denn es fehlt noch etwas. Was könnte das sein?

Aber immerhin befinden Sie sich auf der richtigen Ebene. Und wir sollten jetzt endlich auch aufhören, über die Zunahme an Komplexität zu jammern. Wenn wir begreifen, dass es heute nicht mehr primär auf Effizienzsteigerung, sondern auf Dynamikrobustheit, nicht mehr auf Wissen, sondern auf Können ankommt, dass die echten Könner in einer Welt voller Unvorhersehbarem klar im Vorteil sind gegenüber den reinen Wissenden, dann zeigt sich die gigantische Chance für die hochindustrialisierten Länder in Mitteleuropa: Es gibt bei uns so viele Könner, die ein

Kundenproblem lösen können! Ob sie nun wissen, wie, ist zweitrangig – sie können es.

In der flachen, linearen Welt der Pläne und des alten Managements, in der Welt des Planbaren, Standardisierbaren, in der Welt der Kostenoptimierung kommen niemals viele Änderungen und Kehrtwenden vor. In dieser Welt sind die Asiaten, die Südamerikaner und bald auch die Afrikaner genauso gut wie wir. Deshalb sind diese Prozesse ja auch bereits größtenteils dort gelandet. Das Wissen, das man dafür braucht, ist heute kein Engpass mehr.

Wir erfahrenen Projektmanager, Maschinenbauer, Automobilzulieferer, Investitionsgüterhersteller, Softwareentwickler und Berater haben kein Monopol mehr auf dieses Wissen. Darum sollten wir jetzt sehr, sehr froh darüber sein, dass die Komplexität in unseren Märkten zunimmt! Dass die Kunden sich immer chaotischer und unvorhersehbarer verhalten! Denn sonst wären die Aufträge weg! Was wir beherrschen, weil wir eben Könner sind, ist ein Leben mit Ungewissheit: Gib mir den Auftrag, wir kriegen das hin! Wir lösen das! Der Preis ist astronomisch, aber das spielt keine Rolle. Denn außer uns kriegt das keiner hin.

Diese Erkenntnis würde jedenfalls Ruhe ins Unternehmen bringen! Das Dogma der Effizienz hätte ausgedient, und die Komplexität würde mit offenen Armen empfangen. Nur: Dieser Schritt allein reicht noch nicht aus. Ich sage Ihnen auch gleich, warum …

8. Entscheiden, ohne zu entscheiden

Wir befinden uns im Jahr 1994. Und zwar – schon wieder! – in einem Fußballstadion, diesmal in Bridgetown auf der Insel Barbados. Die Vorrunde zum Shell Caribbean Cup ist in vollem Gange. Gerade wird das letzte Spiel der ersten Gruppe ausgetragen: Barbados gegen Grenada. Um sich fürs Viertelfinale zu qualifizieren, muss Barbados mit zwei Toren Unterschied gewinnen. Grenada hat es wegen der bisherigen Ergebnisse etwas leichter – für eine Qualifikation würde dem Team auch eine Niederlage mit nur einem Tor Unterschied reichen.

Barbados führt sehr bald mit 2:0. Erst in der 83. Minute fällt endlich ein weiteres Tor: der Anschlusstreffer zum 2:1. Damit wäre Grenada wegen des besseren Torverhältnisses trotz der Niederlage im Viertelfinale.

Noch auf dem Platz erinnern sich Sealy und Stoute von der barbadischen Abwehr an eine Sonderregel, welche die FIFA zur selben Zeit erprobt. Demnach geht ein unentschiedenes Spiel in die Verlängerung, auch in der Gruppenphase. Das erste Tor, das in der Verlängerung fällt, beendet das Spiel. Dieses »Golden Goal« zählt in der Tabelle nach der neuen Regel sogar doppelt. Die beiden Spieler fassen einen gewagten Plan.

In der 87. Minute schaffen sie den Ausgleich – indem sie absichtlich ein Eigentor schießen. 2:2! Doch Grenada riecht den Braten. Und beschließt, es den Gegnern mit gleicher Münze heimzuzahlen: entweder durch ein Eigentor, also mit einer knappen Niederlage, oder gerne auch durch den regulären Sieg. Beides würde den Grenadinern zum Weiterkommen reichen.

Die letzten drei Minuten des Spiels sorgen für johlendes Gelächter im Stadion. Kaum zu glauben, aber wahr: Als erste und bislang einzige Mannschaft in der Fußballgeschichte spielt Grenada drei Minuten lang auf zwei Tore zugleich – auf das eigene und auf das des Gegners!

Barbados wiederum bemüht sich umso verbissener, beide Tore zu verteidigen – und hat letztlich Erfolg.

Das Spiel geht unentschieden in die Verlängerung. Nach wenigen Minuten Nachspielzeit erzielt Barbados den ersehnten Siegtreffer – und qualifiziert sich dank des doppelt gewerteten »Golden Goal« für das Viertelfinale.

Systemgerecht

Menschen agieren immer innerhalb von Systemen. Und sie verhalten sich im Grunde immer »richtig«. Sie begreifen den strukturellen Rahmen und dessen Spielregeln meist sehr rasch und erfüllen die Bedingungen. Man spricht von systemkonformem oder auch kontextkonformem Handeln. Der Kontext beeinflusst das Verhalten von Menschen stärker als deren Motive und Präferenzen.

Natürlich ist es der einzelne Rennfahrer, der den anderen von der Fahrbahn drängt. Natürlich ist es der einzelne Banker, der ein dubioses Derivat verkauft, mit dem mancher Anleger sein Vermögen ungewollt schmälert. Natürlich ist es der einzelne Manager, der einen harten Personalabbau beschließt. Aber den Kontext zu ignorieren macht blind gegenüber den tatsächlichen Wirkkräften. Den einzelnen Akteuren eines Systems wird ein sozialer Rahmen gegeben, innerhalb dessen sie sich bewegen und handeln, Teams zusammenstellen und Entscheidungen treffen. Systeme sollen eben Dinge regeln, dafür sorgen, dass bestimmte Aufgaben erledigt und Ziele erfüllt werden können.

Ein Unternehmen: möchte wirtschaftlich sein. Ein Regierungsapparat: möchte einen Staat zukunftsfähig und die Bürger zufrieden machen. Zu diesen Zwecken gestaltet man die Systeme!

Wir haben im letzten Kapitel gesehen: Lösungen liegen immer auf einer Ebene, die ein oder zwei Etagen über der Problemebene liegt. Wenn es also darum geht, eine Organisation zu befähigen, mit komplexen Situationen gut zurechtzukommen, dann ist der Hebelpunkt dazu auf der Systemebene zu suchen. Um mit Komplexität umzugehen, muss ich nicht im System gegen Komplexität kämpfen, sondern ich muss ein System schaffen, das möglichst gut mit Komplexität umgehen kann.

Das hört sich gut an. Aber so wie die experimentelle Golden Goal-Regelung beim Shell Caribbean Cup 1994 sollte das System nicht aussehen. Wenn das bestehende System seinen Akteuren nicht ermöglicht, richtig zu agieren, dann bedeutet das, dass das System noch nicht gut genug oder gar kontraproduktiv ist. Wenn Sie es also beispielsweise schaffen, die Energiegesetze so zu gestalten, dass der Strompreis negativ wird, die Kunden also Geld dafür bekommen, wenn sie Strom kaufen, dann wissen Sie als Politiker, dass Sie etwas Ähnliches fabriziert haben wie die FIFA in der Karibik. Am Sonntag, den 16. Juni 2013, um 15.00 Uhr war es wieder mal so weit: Am Spotmarkt der europäischen Energiebörse kostete die Kilowattstunde Strom minus (!) 20 Cent. Die Differenz zum tatsächlich abgerechneten Strompreis bezahlten übrigens die Steuerzahler über die EEG-Umlage. Damit also ein französisches Unternehmen den in Niedersachsen erzeugten Strom abnahm, knöpfte das Finanzamt den deutschen Bürgern Geld ab. Das klingt, gelinde gesagt, nicht so, als hätten unsere Parlamentarier sich das ursprünglich so gedacht. Ein Spiel auf das falsche Tor. Wrong Turn!

Und genau darum geht es jetzt: Wie muss ein System beschaffen sein, damit es solche Wrong Turns ausschließen und mit der Dynamik und Unberechenbarkeit der Wirklichkeit zurechtkommen kann? Genau hier liegt der Schatz im Acker. Und hier sollten Sie graben.

Trennungsgedanken

»Jetzt ist die Bundeskanzlerin gefragt«, fordert SPD-Chef Sigmar Gabriel im Juni 2013 vor Vertretern der Deutschen Presse-Agentur. »Sie muss Horst Seehofer und Volker Bouffier von deren Blockadehaltung abbringen!«

Das neue Gesetz zur Endlagersuche droht an 26 heimatlosen Castoren zu scheitern, die sich noch in der Wiederaufbereitung in La Hague befinden und für die ein Zwischenlager fehlt. Dass die Politiker sich bei der Einlagerung der Castoren nicht einigen können, liegt aus Gabriels Sicht an der Blockadehaltung der CDU/CSU-regierten Bundesländer. Sie wollten keinen Einzigen dieser Behälter für radioaktiv verstrahlten Müll zusätzlich in ihren Zwischenlagern aufnehmen. Und diese Blockadehaltung könne nur Angela Merkel auflösen.

Ob Endlagersuche, Praxisgebühr, Vorratsdatenspeicherung oder Betreuungsgeld – Kanzlerinnen-Machtworte und Kanzler-Machtworte sind beliebt. Unternehmen und Politik liegen dabei gar nicht weit auseinander: Auch hier sollen Vorstandvorsitzende und Konzernchefs nicht nur den Kopf hinhalten, sondern auch Machtworte sprechen und die Dinge zurechtrücken. Und letztlich auch den Kurs für ein Unternehmen vorgeben.

Das Muster hinter den Machtworten ist: Wer die Macht hat, ist der Entscheider. Die wichtigen Dinge bestimmt also derjenige, der die meiste Macht hat. Er steuert mit seiner Entscheidung die gesamte Organisation.

Dahinter steckt ein einfaches Ordnungsprinzip: formale Hierarchie. Es gibt in der Unternehmensstruktur ein Oben und ein Unten – also einen Pol, an dem Macht und Einfluss positioniert sind, und einen Pol, an dem beide fehlen. Dazwischen gibt es Abstufungen: Minister, Manager, Staatssekretäre, Abteilungsleiter … eine klare Struktur. Interessant ist, woher diese Systemform eigentlich kommt und wie sie sich legitimiert. Dahinter steckt die reizvolle Idee einer Trennung …

Streng formalhierarchische Organisationsstrukturen gibt es zwar schon sehr lange, in Wirtschaftsunternehmen fanden sie aber erst um die Wende zum 20. Jahrhundert große Verbreitung – in einer Ära, die weniger komplex denn kompliziert war. Innerhalb dieses Systems wurden Chefs üblicherweise deshalb zu Chefs, weil sie über grösseres Wissen verfügten. Als handwerklicher Lehrling in die Firma eingestiegen, brachten sie es über den Gesellen zum Meister. Mit zunehmenden Berufsjahren besaßen sie genug Fachkenntnis und Routine, um als kompetente Entscheider zu agieren. Also wurden sie zu Chefs befördert – eine klassische Karriere.

Die logische Folge: Wichtige Entscheidungen wurden verstärkt von Leuten getroffen, die das meiste Wissen besaßen. Und durch das Beförderungsprinzip waren diese Menschen auch gleichzeitig diejenigen, welche die Machtpositionen besetzten. Wissen und Macht vereinten sich automatisch in einer Person. Überzeugend! Das ist aber erst der Anfang.

Die Botschaft war klar: Je weiter oben jemand in der Hierarchie steht, desto klüger und umsichtiger sind seine Entscheidungen. Da oben hat man schließlich den Überblick. Wenn einer die Lage am besten einschätzen kann, dann doch wohl der Chef. Also soll der entscheiden – und die Menschen unter ihm sollen die Entscheidungen ausführen.

Organisationen mit einer solchen formalen, tayloristischen Hierarchie funktionieren dann am besten, wenn es diesen graduellen Wissensvorsprung gibt. Der ganz oben weiß am meisten, die Führungsebene darunter schon etwas weniger usw. Ganz unten arbeiten die schlichten Gemüter. Ohne diese Wissensdifferenz kann Steuerung nicht funktionieren, denn in dem Moment, wo derjenige, der Weisungen von oben ausführen soll, ahnt, dass er selbst viel besser Bescheid weiß als der Chef, erodiert die formale Machtstellung des Chefs und das ganze Gebilde wird an dieser Stelle unlenkbar und instabil. Und was passiert dann? Der wissende Untergebene wird einfach machen, was er für richtig hält, und nicht das, was der Chef will. Oder er streikt, vollzieht die innere Kündigung oder leistet Dienst nach Vorschrift. Oder er wechselt gleich die Arbeitsstelle. Der Vorgesetzte dreht am Steuerrad, aber die Räder lenken nicht mehr ein.

Das gesamte Arsenal an Steuerungsinstrumenten wie Boni, Budgets, Zielvorgaben usw. funktioniert blendend, solange die da oben mehr wissen als die da unten.

Im 21. Jahrhundert jedoch weiß der Mitarbeiter unten vom konkreten Problem fast immer mehr als die Führungskraft da oben. Und die Zeit, um marktrelevante Informationen, Erfahrungen und Impulse von unten nach oben durchzureichen, und darauf zu warten, dass oben entschieden und irgendetwas angeordnet wird, wird immer knapper. Erst recht, wenn Entscheidungen oder Anweisungen, eine Ebene nach der anderen von oben nach unten wieder zurückgereicht werden, bis schließlich ausgeführt werden darf, was die Chefs für richtig hielten.

Kernschmelze für Organigramm-Zeichner

»Jeder Kunde kann seinen Wagen beliebig anstreichen lassen, wenn der Wagen nur schwarz ist.«

Dieser berühmte Satz stammt aus Henry Fords *Mein Leben und Werk*. Darin äußert sich der amerikanische Industrielle ausführlich zur Produktion des Ford Modell T. Dieses Auto, das als erstes überhaupt in Fließbandfertigung vom Band lief, wurde von 1908 bis 1927 hergestellt.

Damals waren verschiedenfarbige Lackierungen noch ein Problem. Der erste Lack, der industriell hergestellt wurde und deshalb in den für die Massenproduktion nötigen Mengen verfügbar war, war schwarz. Abgesehen davon stellten verschiedene Farben die damalige Produktion vor logistische Probleme. Jeder Farbwechsel hätte eine Umrüstung der Lackierstraße erfordert – also den Austausch der Farbzufuhr, das Ausspülen von Schläuchen, Düsen und

Verteilern etc. Zusätzliche Handarbeit, zusätzliche Zeit. Zusätzliche Kosten. Der Einzelpreis für ein Fahrzeug, das von den Produktionsstandards abwich, würde in die Höhe schießen. Was nicht schwarz war, war unrentabel.

Natürlich könnte ein Autohersteller mit dieser Einstellung heute keinen potenziellen Kunden mehr hinter dem Ofen hervorlocken. Doch im Kontext seiner Zeit betrachtet war Henry Fords Farbpolitik genial. Doch die Welt des Henry Ford ist nicht mehr die Welt von heute. Die Art und Weise, wie die meisten Unternehmen mit dieser veränderten Wirklichkeit umgehen, ist allerdings im Kern gleich geblieben. Die Organisationen funktionieren noch wie anno 1908! Ich möchte Ihnen dies anhand eines Pfirsichs verdeutlichen.

Mein Freund und Kollege Niels Pfläging hat vor einigen Jahren ein aus der Systemtheorie Niklas Luhmanns stammendes, überaus brauchbares Denkmodell beschrieben, das den Aufbau einer Organisation aus einem völlig anderen Blickwinkel betrachtet, sprich: nicht aus der Perspektive des üblichen Organigramms.

Ein Organigramm beschreibt, was unten und was oben ist, wer welche Macht besitzt und wer welche Verantwortung hat. Pflägings Pfirsich-Modell – im Übrigen ein erfrischend stummes Modell – eröffnet eine Dimension, die ein Organigramm überhaupt nicht kennt: die Entfernung zur Umwelt, konkret also zum Markt.

Der Pfirsich hat im Grunde genommen drei Teile: Kern, Fruchtfleisch und Schale. Die Schale symbolisiert die Grenze zum Markt, sie unterscheidet also zwischen ›innen‹ und ›außen‹. Der Kern ist am weitesten entfernt vom Marktgeschehen, vom Kontakt zu Kunden, Lieferanten, Jobkandidaten. Je weiter man vom Kern nach außen in Richtung Schale vordringt, desto größer wird die Marktnähe. Die Wertschöpfung einer Organisation, also deren Leistung zum Kunden, fließt quasi von innen nach außen.

Genau in dieses Modell legen Sie jetzt mal gedanklich die Ur-Struktur einer tayloristischen Organisation. Der Pfirsichkern entspricht dann den Leuten ganz oben in der Hierarchie. Das sind diejenigen, die exklusiv damit beschäftigt sind zu planen, anzuweisen und im tayloristischen Sinne zu »denken« – die Entscheider. Das Management.

Das Fruchtfleisch bilden diejenigen Mitarbeiter, die direkt am Markt sind. In einer Bank können das etwa die Kundenbetreuer in einer Filiale sein. Der von Bosch kommende Ingenieur bei Audi. Oder der Sachbearbeiter im Einkauf bei Siemens.

Das Pfirsich-Bild offenbart, dass die Leute ganz oben in einer tayloristischen Hierarchie am weitesten entfernt sind vom Kunden. Entscheidungen werden zentral getroffen, und zwar dort, wo die größte Distanz zum Markt herrscht. Das muss nicht unbedingt verkehrt sein. Doch was passiert, wenn ein Marktimpuls von außen auf ein solches System trifft?

Eine Information von außen, sei es ein Kundenproblem, die Ablehnung eines Angebots aufgrund einer deutlich überlegenen Innovation des Wettbewerbers oder eine veränderte Preispolitik des Lieferanten, durchdringt die Schale des Pfirsichs und muss sich nun durch das Fruchtfleisch bis zum Kern vorarbeiten. Erst der Kern trifft dann die Entscheidung, wie genau mit jenem Marktimpuls umgegangen werden soll. Und schickt die Information wieder auf den Rückweg in Richtung Schale.

Einmal von außen nach innen. Und dann noch einmal zurück. Kein Problem im Industriezeitalter. Im Gegenteil, eine höchst effiziente Vorgehensweise. Und alternativlos, denn im Kern sitzen nun einmal die Personen mit dem meisten Wissen. Deren Motto: einmal eine Entscheidung treffen, und für alle Standardprodukte und -dienstleistungen gibt es eine klare Steuerungs-Direktive. Aber wir leben und agieren nicht mehr im Industriezeitalter, schon lange nicht mehr. Heute ist diese Zentralisierung von Entscheidungen ein verhängnisvoller Weg. Und zwar in zweierlei Hinsicht.

Zum einen verliert das Unternehmen so seine hart erarbeitete Effizienz. Die Anzahl der Marktimpulse ist in den Jahrzehnten seit

Fords erstem Top-Seller exponenziell gestiegen. Durch die schiere Menge an Impulsen dauert die Reise zum Kern und wieder zurück immer länger, und der Kern ächzt und stöhnt unter der immer höher werdenden Belastung. Fragen Sie mal Mitarbeiter an der Peripherie, ob sie von Jahr zu Jahr länger auf Antworten des Managements warten müssen, und verschaffen Sie sich ein Bild von überfüllten Mailboxen und 15-Stunden-Tagen auf der Führungsebene.

Zum anderen – und das ist wesentlich gravierender – scheren die Mitarbeiter an der Peripherie, wenn sie unter den langen Berichtswegen leiden, die Qualität zentral getroffener Entscheidungen hinterfragen und beim Kontakt mit dem Markt nur Verwunderung ernten, aus den festen Modellen und Prozessen aus. Die Vorgesetzte des Mitarbeiters in der Passvergabestelle erstickt im Aktenberg, ein Bürger mit doppelter Staatsbürgerschaft möchte aber trotzdem seinen Reisepass schnell bekommen? Der Mitarbeiter recherchiert die nötigen Informationen schnell unter der Hand und erarbeitet die Extra-Lösung. Eine Abteilung hat Probleme mit der Kalkulation von Angeboten im normalen Rechnungssystem? Eine eigene Excel-Tabelle ist schnell erstellt, und über die Angebote wird mit dem Kunden individuell verhandelt. Kurz, das Fruchtfleisch des Pfirsichs distanziert sich vom Kern und macht sein eigenes Ding. Und die Peripherie fängt an zu lernen, baut eigenes relevantes Marktwissen auf.

Immer mehr.

Und immer mehr.

Der Kern verliert allmählich seinen Wissensvorsprung und damit die Kontrolle. Er spürt das natürlich. Er bekommt mit, dass er nicht mehr alles mitbekommt. Er weiß also, dass ihm das Steuer entgleitet. Also fährt er alles auf, was als Steuerungsinstrument Rang und Namen hat: mehr Meetings, um den Chef zu informieren; noch mehr Berichte, Zahlen, Diagramme; mehr IT; noch engere Budgets; noch mehr Audits und Assessments; noch mehr

Zielvereinbarungen; noch stärker motivierende Bonusregelungen. All das sind nachvollziehbare Reaktionen, um das Steuer wieder an sich zu reißen. Solche Unternehmen erstarren dann in einer bürokratischen Zwangsjacke und laufen Gefahr, als Kollektiv zu verblöden.

Taylor passt einfach nicht mehr zu unserer Zeit. Die Frage ist aber: Wie sollten Sie sich stattdessen organisieren? Zum Glück gibt es Alternativen …

Kondome für Senioren

Ich war einkaufen. Als ich auf der Rückfahrt an der Ampel stehe, fällt mir ein, dass ich Zahnpasta und Toilettenpapier vergessen habe. Zum Glück gibt es ein paar Straßen weiter eine dm-Drogeriemarktfiliale. Ich fahre hin, parke den Wagen und nehme mir am Eingang einen Einkaufskorb.

Mir fällt auf, dass der Laden anders sortiert ist als die dm-Filiale, die ich sonst besuche. Dort gibt es, abgesehen von der Grundausstattung an Reinigungsmitteln, Körperpflege und Haushaltswaren, eine riesige Parfüm- und Kosmetikabteilung, kaum Lebensmittel und ein relativ prominentes Kondomregal. Hier dagegen nimmt die Bio-Ware fast die Hälfte der Verkaufsfläche ein, die Fußpflege zieht sich gleich einen halben Korridor entlang, und an den Haftcremes kommt der Kunde auf dem Weg zur Kasse ebenso unausweichlich vorbei wie an Kerzen und Grablichtern. Verhütungsmittel muss man hingegen schon fast mit der Lupe suchen.

Schon aus beruflichem Interesse erkundige ich mich bei der Kassiererin, was es mit der unterschiedlichen Bestückung auf sich hat. Sie erklärt mir, dass die Filialen der dm-Kette eigenständig über das jeweilige Sortiment und die Artikelpreise entscheiden. Auch die Dienstpläne und manchmal sogar die Gehälter können die Filialen unabhängig von der Zentrale festlegen.

»Aber ein halber Korridor Fußpflege!«, wende ich ein. »Und palettenweise Friedhofskerzen! Bleiben Sie nicht darauf sitzen?«

»Nee, die gehen gut weg, in unserer Straße gibt's schließlich drei Altenheime«, erklärt mir die Mitarbeiterin bereitwillig. »Hier kaufen viele Senioren ein, wissen Sie. Drüben am Campus, da bieten sich eher Artikel für das junge, studentische Publikum an.«

Na, klar. So gesehen ergibt es durchaus Sinn, die Filialen unterschiedlich zu bestücken. »Efficient Consumer Response« heißt das auf Management Denglish. Im Grunde eine tolle Idee, da der Warenabsatz generell von Faktoren wie Standort, lokaler Wettbewerb und demographischen Aspekten abhängig ist. Wie soll da eine Zentrale entscheiden, was wo zu welchem Preis verkauft werden kann?

Götz Werner, der mit der Gründung seiner Drogerie 1973 in Karlsruhe den Grundstein für die dm-Kette legte, verfügte im Geschäftsjahr 2010/11 über ein Imperium von 2536 Filialen, verteilt auf elf europäische Länder. Im Laufe der Neunzigerjahre des vorigen Jahrhunderts nahm Werner grundlegende Änderungen am unternehmerischen System vor. Sein Credo: Der Zentrale die Arroganz austreiben! Und die Filialen an die Macht lassen. Die Umstrukturierung seiner Kette offenbarte ein tiefes Verständnis der Unterlegenheit des bis dato tayloristischen Systems bei dm.

Da es keine starren, zentralen Preisregeln gibt, sind die Filialteams nicht auf laute Modelle angewiesen. Stattdessen können sie als überschaubare Einheiten vor Ort auf die Komplexität des Marktes reagieren – indem sie das Sortiment am Bedarf ihrer Stammkunden ausrichten, die lokale Konkurrenz im Auge behalten und Aktionsangebote entsprechend terminieren. Falls einmal eine unerwartete Änderung im Käuferverhalten am Standort auftritt, können sie als unabhängiger Außenposten flexibel auf die Situation reagieren. Das macht die dm-Drogeriemärkte so erfolgreich. Aber welches *best thinking* steckt dahinter?

Menschen können sich untereinander vernetzen, im Team Probleme lösen, die sie alleine nicht lösen können, gemeinsam lernen und flexibel auf Komplexität reagieren. Deswegen ist es einem Unternehmen nur möglich, adäquat auf Komplexität zu reagieren, wenn nicht Führungskräfte entscheiden, sondern das System die Organisation in die Lage versetzt, die situativ am besten geeigneten Mitarbeiter gemeinsam entscheiden zu lassen. Und welche Mitarbeiter sind das? Grundsätzlich alle und tendenziell die mit dem engsten Marktkontakt. Um im Bild des Pfirsichs zu bleiben: Die Entscheidung wandert vom Kern in die Teams an der Schale. Wenn dabei stummen Prinzipien der Vorzug vor lauten Regeln gegeben und bewusst der Vielseitigkeit Platz eingeräumt wird, ist das System um so flexibler und dadurch in der Lage, mit Komplexität zurechtzukommen.

Aber Vorsicht: Mir geht es keinesfalls nur darum, dass Führungskräfte ein bisschen mehr delegieren, ihren Mitarbeitern etwas mehr Freiraum lassen und etwas mehr Verantwortung abgeben. Mir geht es überhaupt nicht um Führungsstile. Ob Sie sich nun das Prinzip des Laissez-faire oder Autorität auf die Fahne geschrieben haben, tut hier nichts zur Sache. Ich will nicht, dass Sie einen »humaneren« Führungsstil an den Tag legen, ich schlage Ihnen vielmehr vor, überhaupt keinen Führungsstil mehr an den Tag zu legen! Sie sollten nämlich generell auf das hierarchisch angeordnete Führen von Mitarbeitern verzichten. Denken Sie an den Pfirsich, nicht an die Pyramide! Bilden Sie Teams und überlassen Sie die Führungsarbeit diesen Teams – nicht der Chefetage.

Wenn Entscheidungen an die Peripherie verlagert worden sind, dann stellt sich die Frage, wer nun überprüft, ob diese Entscheidungen richtig sind. Wie kann die Führungskraft außerdem sichergehen, dass das Unternehmen weiterhin profitabel agiert? Was macht die Führungskraft dann überhaupt noch?

Auf dem Eichamt

Keine Frage – auch ein Visionär wie Götz Werner ist seinem Unternehmen wirtschaftlich verpflichtet. Auch der dm-Konzern schließt eine Filiale, wenn sie anhaltend rote Zahlen schreibt. Und wie bei jedem anderen Großunternehmen sind die Filialen für ihre Wirtschaftlichkeit verantwortlich. Mit einem Unterschied. Und das ist der Bezugspunkt.

»Ihr seid zwei Prozentpunkte unter dem Planziel geblieben. Tja, tut mir leid, Leute, aber das war's dann!«

Nach den Regeln des althergebrachten Managements wäre eine Filiale, die anstatt der anvisierten zehn Prozent Umsatzsteigerung nur acht Prozent erreicht hat, ein Kandidat für die Abschussliste. Bei dm läuft das anders. Einen Elfenbeinturm, von dem aus Planer und Controller agieren und verbindliche Planziele vorschreiben, den gibt es hier nicht:

> *»Anstatt zehn Prozent Steigerung habt ihr nur zwei Prozent erreicht. Trotzdem könnt ihr stolz auf euch sein, Leute. Der Markt ist nämlich in derselben Zeit um elf Prozent abgesackt, und die besten Vergleichswerte liegen bei knapp drei Prozent – die auch nur vier Filialen der Konkurrenz erreicht haben. Außerdem habt ihr trotz eures kritischen Standorts auf dem Land den Titel ›Bundesweit zweitbeste dm-Filiale‹ erreicht. Insgesamt habt ihr also so ziemlich alle Kollegen übertroffen. Glückwunsch!«*

Ob ein Unternehmen rentabel ist oder nicht, entscheidet nicht der Vergleich mit internen Prognosen und Planzielen. Vielmehr spielt bei der Beurteilung das Gesamtbild eine Rolle – angefangen mit der Lage über die lokale Kaufkraft bis hin zur Situation diverser Wettbewerber. Ebenso spielen allgemeine Entwicklungen in der Branche und am Markt eine Rolle.

Es braucht dann keine Führungskraft mehr, die über den Erfolg einer Einheit das Urteil fällt. Und dann gibt es solche Führungskräfte auch gar nicht mehr. Dafür gibt es in den Filialen dynamisch besetzte Rollen, die mit bestimmten Aufgaben betraut sind, beispielsweise die Zahlen zu analysieren, mit den externen Referenzen zu vergleichen und zu fragen: Wo stehen wir?

Es gibt also keine Führungskraft, die dafür sorgt, dass die Zahlen stimmen. Es gibt auch keine Führungskraft, die die strategische Ausrichtung des Unternehmens steuert. Denn Steuerung funktioniert für ein komplexes System nun einmal nicht.

Merken Sie, wie radikal diese Änderung der Sichtweise ist? Die Filialen der dm-Kette funktionieren hochdynamisch. Modelle hingegen, die nur auf internen Referenzen wie dem aktuellen Planziel beruhen, sind völlig statisch. Sie haben keinerlei Aussagekraft, weil sie die tatsächlichen Leistungen der Teams nicht berücksichtigen und damit nicht die erreichte Wertschöpfung abbilden. Sie verfälschen das eigentliche Ergebnis.

Die herkömmliche Controlling-Lösung bleibt nämlich auf derselben Ebene wie das Problem. Dabei muss ein System komplexer sein als das, was es beobachtet. Erst die höhere Bezugsebene, die durch externe Referenzen ins Spiel gebracht wird, verleiht Messungen und Controlling-Zahlen überhaupt Relevanz. Ohne direkten Bezug zu äußeren Referenzkriterien wie der Situation der individuellen Filiale, der Leistung aller anderen Filialen oder dem Gesamtmarkt sind sie völlig wertlos. Kurz, ein Unternehmen sollte sich bedingungslos nur noch an externen Referenzen orientieren. Denn über das Wohl und Wehe eines Unternehmens und damit jedes einzelnen Mitarbeiters entscheidet in Wahrheit nicht der Chef, sondern der Kunde und die Wettbewerber. Diese Lektion haben viele schon gelernt. Damit diese radikale Außenorientierung allerdings gelingen kann, braucht es eine weitere Zutat.

Durchsichtige Lohntüten

In meiner Firma sind alle Zahlen von jedermann einsehbar. Geschäftszahlen, Gehälter usw. Und das hat seinen guten Grund: Ich kann nicht von einem Team verlangen, dass es unternehmerisch agiert, und ihm gleichzeitig die dazu erforderlichen Informationen vorenthalten. Das wäre etwa so sinnvoll wie ein Schild im Irish Pub: »Freibier gibt's morgen.«

Durch Offenlegung aller Informationen soll das Team in die Lage versetzt werden, Entscheidungen zu treffen. Entscheidungen werden auf der Basis von Verantwortung und Information getroffen. Dazu muss jeder im Team alles über das Team wissen.

Das geht in meinem Unternehmen sogar so weit, dass jeder im Team selbst entscheidet, was er verdient. Doch, wirklich! Vielleicht glauben Sie nicht, dass das funktioniert. Aber es funktioniert hervorragend!

Wir haben dieses System sorgfältig gestaltet. Vernetzung und Transparenz alleine würden nicht reichen, wenn jeder sein Gehalt einfach selber festlegt. Dann würde der Mitarbeiter nur sagen: »Hallo Kollegen, ich wollte euch nur mitteilen, dass ich ab morgen 10 000 Euro mehr pro Monat verdiene. Schönen Tag noch!« Damit das nicht passiert, haben wir das Konsultationsprinzip eingeführt: Ein Mitarbeiter, der sein Gehalt ändern will, muss sich vorher mit mindestens zwei anderen Leuten aus dem Team besprechen und ihren Rat einholen. In diesen Gesprächen geben die anderen automatisch jede Menge zu bedenken, schon aus Eigeninteresse. Aber auch aus Interesse am Fortbestand der Firma. Denn niemand will, dass die Firma von Einzelnen geschädigt wird. Und jeder im Team will den Erfolg der Firma. Alles andere wäre absurd.

Sobald sich der Mitarbeiter aber mit seinen Kollegen beraten hat, welches Gehalt für ihn angemessen, sinnvoll und nachhaltig wäre, darf er selbst entscheiden. Er muss mit niemandem verhandeln. Das Ergebnis: Die Organisation verpasst sich selbst eine faire und sinnvolle Gehaltsstruktur. De facto sind die Gehälter seitdem leicht gestiegen, aber noch weit stärker gestiegen ist die Identifikation der Mitarbeiter mit ihrer Firma. Und ich habe niemanden mehr im Team, der sich ungerecht bezahlt fühlt. Es profitieren tatsächlich alle davon.

Ich verstehe das Ganze nicht als *best practice*, sondern höchstens als *best thinking*. Ich habe meinen Weg gefunden, der Organisation die Entscheidung über die Gehälter zu überlassen. Und das Spannende daran sind die Prinzipien, die dahinterstecken.

Ein Prinzip ist Transparenz. Ein anderes Vernetzung. Das Unternehmen braucht freie Kommunikation über das, was entschieden werden soll. Ein weiteres Prinzip lautet soziale Kontrolle. Das Unternehmen kann auf Kontrolle nicht verzichten. Alle Entscheidungen müssen, bevor sie gefällt werden, immer gut bedacht und kontrolliert werden. Nur ist der Kontrolleur nicht mehr eine dafür zuständige Person – die Führungskraft –, vielmehr kontrolliert das Team sich selbst.

Aber kann ein solcherart »kopfloses« Team zielgerichtet und effektiv handeln? Es kann. Und zwar unglaublich gut …

Bratwürste für Dresden

Es scheppert auf dem Gepäckträger, wenn Thomas mit seinem Fahrrad akrobatisch durch Dresden radelt. Mit der rechten Hand packt er den Lenker, mit der linken Hand hält er den dreibeinigen Kugelgrill auf seinem Gepäckträger fest, der bei jeder Erschütterung herunterzustürzen droht. In seinem Rucksack hat er Holzkohle und Grillanzünder. Seine Freundin transportiert in ihren Gepäcktaschen kühle Getränke, Würstchen und Steaks. Das Wetter ist herrlich. Beide können es kaum erwarten, endlich ans Elbufer zu gelangen.

Tausende junger Menschen säumen die Leipziger Straße im Dresdner Norden. Sie lachen, halten Bierflaschen in der Hand.

Thomas hilft seiner Freundin beim Abladen. Der Grill ist schnell aufgebaut, die Holzkohle angezündet.

Doch plötzlich kommt Bewegung in die Partymeile. Lastwagen rollen an. Während Thomas die Steaks auf den Grill legt, stellen die anderen ihre Bierflaschen zur Seite und formieren sich in einer Reihe. Konzentration herrscht, das Lachen ist abgeebbt. Die Leute laden Sandsäcke von den Lastern ab. Sie wandern von einer Hand zur nächsten und werden am Straßenrand gestapelt.

Die Würstchen sind schon knusprig braun. Die Stärkung haben sich die Helfer verdient. Bald kommen neue Laster.

Die Elbe steht bei 8,73 Metern. 4300 Kubikmeter Wasser fließen pro Stunde vorbei. Hochwasser.

Mit Stiefeln, Schaufeln und Smartphones sind die jungen Dresdner ausgezogen, um ihre Stadt gegen die Fluten zu verteidigen. Sekündlich ploppen auf der Facebook-Seite »Fluthilfe Dresden« Statusmeldungen auf, wie »+++ WER BRAUCHT NOCH SANDSÄCKE +++ ca. 200 gefüllte Sandsäcke stehen in Trachau, Waldemarstraße, zur Abholung bereit!«, oder: »Dresdner Tor braucht weitere Helfer«. Nur wenig später posten andere: »Haltet durch, wir kommen mit 100 Brötchen und Getränken!«, oder: »Sind unterwegs!«

Am Sonntag, dem 2. Juni 2013, ging die Facebook-Seite online. Am Montagmorgen hatte sie knapp 50 »Likes«, Ende der Woche waren es bereits rund 40 000! Die Dresdnerin Susann Kriesche hatte mit zwei weiteren Helfern die Idee für die Vernetzung auf Facebook, die schnell zum Selbstläufer wurde. »In nur wenigen Stunden haben es die Dresdner geschafft, über Dienste wie Twitter und Facebook ein effizientes Netzwerk aufzubauen«, schreibt TecChannel.de am 14. Juni. Sogar eine aktuelle interaktive Google Map wurde aufgebaut, auf welcher der aktuelle Status der Damm-Arbeiten einzusehen war. Über soziale Medien wurden Heerscharen von Sandsack-Befüllern, Grillmeistern, Dammbauern und Möbeltransporteuren koordiniert, die dafür sorgten, dass die Hilfsangebote – von belegten Brötchen über Schaufeln bis hin zu wasserfester Kleidung – dorthin gelangten, wo sie benötigt wurden. Ganz ohne Chef! Ganz ohne Steuerung! Ganz ohne behördliche Hilfe!

Und was taten die Behörden?

»900 meist freiwillige Helfer von Feuerwehr und Rettungsorganisationen des hessischen Katastrophenschutzes sind auf Anforderung des Sächsischen Innenministeriums größtenteils im Julius-Ambrosius-Hülße-Gymnasium untergebracht und drehen Däumchen«, schreibt die Nachrichtenseite n24.de am 5. Juni 2013. Die offiziellen Helfer warten auf einen Befehl, auf eine Weisung von oben. Und warten. Und das, obwohl die örtlichen Helfer dringend eine Ablösung brauchten. Sie warten auf den ersehnten Einsatzbefehl der zentralen Einsatzleitung, die die Helfer nicht flexibel genug organisieren konnte. Denn im Landkreis Görlitz, wo der Einsatz der Hessen geplant und vorgesehen war, ist die Lage relativ entspannt. Nun warten die Hessen weiter, denn der Plan des sächsischen Krisenstabs geht davon aus, dass in Tschechien noch eine Sperrmauer überlaufen könnte. Die Welle würde dann nach Dresden schwappen.

Die einen tun was – ganz inoffiziell, die anderen warten – ganz offiziell.

Mit Hilfe von sozialen Netzwerken entwickelten die Bürger ein System, das adäquat mit der komplexen Situation umgehen konnte. Jeder Helfer war zeitgleich informiert und konnte selbst entscheiden, wo er seine Hilfe am sinnvollsten einsetzte. Das ermöglichte dem neuen System auch, sich dynamisch auf unvorhergesehene Entwicklungen einzustellen. Das hierarchische System hingegen versagte weitestgehend. Es war nicht in der Lage, flexibel und schnell genug auf die Komplexität zu reagieren, da es auf Planungen und Modellen beruhte, die nur kompliziert waren. Das System blockierte sich selbst.

Ob Katastrophenschutz, Gesellschaft oder Wirtschaft – wir brauchen keine besseren Chefs und Entscheider an der Spitze.

Stattdessen brauchen wir Systeme, die der Selbstorganisation Raum geben, die selbst eine Antwort auf Komplexität entwickeln können, weil sie selbst komplex genug sind.

Dies ist keineswegs ein grundsätzliches Plädoyer für soziale Netzwerke. Facebook ist kein *best practice*. Es ist nur so, dass Systeme in der täglichen Praxis technische Instrumente brauchen, um eine schnelle und umfassende Vernetzung zu gewährleisten. Ohne die Anforderung Geschwindigkeit ginge das auch per Kettenbrief, Sammelfax oder schwarzem Brett. Aber der Faktor Geschwindigkeit lässt sich nun einmal nicht ausschalten. Komplexe Systeme organisieren sich selbst in Echtzeit. Und hier sind Facebook, Twitter & Co. der E-Mail heute schon turmhoch überlegen.

Stabil flexibel

Ein System, das gut mit Komplexität klarkommt, darf also nicht überreguliert sein, darf nicht in einzelne Bereiche und Abteilungen zerfallen und darf nicht mit festen Hierarchie- und Organigramm-Verknüpfungen versehen sein. Ein System ist dann in komplexen Situationen standhaft und stabil, wenn es gezielt flexibel gestaltet ist. Das heißt konkret: Organisationen müssen dafür sorgen, dass Menschen miteinander reden, miteinander agieren können. Und zwar frei und situationsbezogen. Ohne Modell- und Prozess-Fußfesseln!

Hätten die 900 Helfer aus Hessen die gleichen Möglichkeiten wie die Bürger Dresdens gehabt, hätten sie sich sinnvoll selbst koordinieren und dort helfen können, wo sie gebraucht wurden. Denn jeder dieser Helfer ist ein Experte auf seinem Gebiet, kennt seine Fähigkeiten und kann im Austausch mit den anderen im Team entscheiden, wo, wann und wie er am besten zeitnah unterstützen kann. Sie hätten die gleichen Möglichkeiten nicht dadurch gehabt, dass noch irgendein Faktor hinzugekommen wäre, sondern wenn vor allem ein Faktor weggefallen wäre: die Befehlsgewalt des Vorgesetzten.

Was eine Gruppe von Menschen aber automatisch besitzt, sobald sie hinreichend groß ist: Varianz. Jeder ist unterschiedlich und kann unterschiedliche Dinge, was ihn potenziell zu einer wertvollen komplementären Ergänzung des Teams macht.

Wichtig: Mit »Team« meine ich nicht einen Bereich oder eine Gruppe von Menschen, die deshalb zusammenarbeiten, weil sie einer Abteilung angehören. Die formale Zugehörigkeit ist nebensächlich. Unter »Team« verstehe ich vielmehr eine Gruppe von Menschen, die genau so besetzt ist, dass sie die Aufgabe, die sie hat, durch die Summe ihrer Eigenschaften und Fähigkeiten bestmöglich und effizient erfüllen kann.

Ein Team, das sich mit dem Sonderwunsch eines Kunden nach einem bestimmten Zulieferteil befasst, braucht beispielsweise Techniker und Konstrukteure, die überlegen, ob und wie das Teil hergestellt werden kann, aber auch Vertriebsleute und Logistiker, die die Produktionskette und die Auslieferung in die Problemlösung mit einbeziehen. Ein Team muss alle notwendigen Expertisen besitzen, um in einem komplexen Umfeld Probleme zu lösen. Es muss daher in seiner Zusammensetzung flexibel sein. Stellt die Produktionsstraße für das Zulieferteil also fest, dass sie nicht genügend Personal zur Verfügung hat, müssen neue Mitarbeiter hinzugezogen werden. Nun wird temporär ein Team zusammengesetzt, das über alle relevanten technischen, sozialen, personalpolitischen und finanziellen Fähigkeiten verfügt, um den richtigen Mitarbeiter zu finden.

Wichtig ist, dass das Team für das Ergebnis verantwortlich ist. Daher muss es auch dem Team überlassen bleiben, wie es zu dem Ergebnis kommt. Und da Menschen sich systemkonform verhalten, weiß das Team selbst am besten, welche Lösung für das Unternehmen am besten ist. Dadurch wird die Organisation flexibel und kann mit Dynamik viel schneller und erfolgsversprechender umgehen. So kommen Denken und Handeln situativ und ganz von selbst zusammen.

Dabei müssen sich Führungskräfte bewusst sein: Führen im Sinne von Alltagsentscheidungen treffen ist Schnee von gestern. Entscheidungen in komplexen Situationen werden nicht wie gewohnt automatisch in der Mitte des Pfirsichs getroffen, sondern viel besser dort, wo die Leute sitzen, die wissen, wie sie zu entscheiden haben, weil sie das aktuelle Vor-Ort-Wissen haben.

Wenn Unternehmen und Organisationen souverän auf Komplexität reagieren wollen, bleibt ihnen also nichts anderes übrig, als Organigramme und formal gebündelte Machtzentralen einzumotten. Bei der Qualität von Entscheidungen geht es nicht um Macht und die Stufe in der Hierarchie, sondern um Kompetenz. Teams werden dadurch kompetent, dass sie Teams sind – denn Lernen findet niemals im Elfenbeinturm oder im Chefzimmer statt, sondern in rasender Geschwindigkeit immer da, wo Menschen miteinander kommunizieren, etwas gemeinsam unternehmen und gemeinsam Lösungen suchen. Verantwortliche Teams werden – im Gegensatz zu Führungskräften – in rasender Geschwindigkeit immer besser. Warum? Weil niemand mehr da ist, der definiert, was richtig und was falsch ist.

9. Mission Impossible

Mit leichtem Unbehagen betritt Gunnar Detlefsson den Audienzsaal Gustavs II. Adolf von Schweden. Er verneigt sich ehrerbietig und doch voller Ungeduld. Endlich wird ihm erlaubt, sein Anliegen vorzutragen:

> *»Euer Majestät, die Rechnung für die treffliche Flottille ist heute Morgen eingetroffen. Ich habe mir erlaubt, das Dokument viermal zu prüfen, alldieweil mir gleich mehrere Posten unstimmig erscheinen. Zu meinem Leidwesen muss ich Euch mitteilen, dass ich die Ursache des Fehlers nicht zu finden in der Lage war. Dies zu melden und Euer Majestät mein untertänigstes Bedauern auszudrücken, gepaart mit der Befürchtung, dass man sich zu Ungunsten des Hofes verrechnet hat, waren in Anbetracht der Dringlichkeit der Angelegenheit natürlich eins, nachgerade …«*

»Nun mal langsam, Detlefsson.« Der König lächelt jovial. »Wie hoch ist denn nun der Schaden?«

»Verzeiht, Euer Majestät, es handelt sich nicht um einen Schaden, der sich in schwedischen Reichstalern messen lässt. Vielmehr sind es die Verhältnismäßigkeiten der aufgelisteten Posten, die mich stutzig machten. Wenn Euer Majestät erlauben …« Gunnar Detlefsson zieht eine Schriftrolle hervor. »Die Zahl der Kanonen für die *Vasa* beläuft sich auf 64, eine beachtliche Zahl. Wie Euer Majestät wissen, wird der Kielraum des Schiffes als Gegengewicht mit Ballaststeinen gefüllt. Normalerweise sind pro installierter Geschützeinheit mindestens …«

»Detlefsson, Ihr langweilt mich«, unterbricht ihn Gustav II. Adolf.

»Bei Gott, Euer Majestät, ich schwöre Euch, das liegt nicht in meiner Absicht. Die Zahl der bestellten Steine reicht niemals aus, um das Gewicht der Kanonen auszugleichen. Das Schiff wird kentern!«

»Behelligt mich nicht länger mit Euren Unkenrufen, Detlefsson. Verzögert sich die Fertigstellung der *Vasa,* so werdet Ihr's mir mitsamt den Konstrukteuren am Galgen büßen!«

Betroffen flüchtet der Schatzmeister aus dem königlichen Schloss. In einer Eilkutsche lässt er sich über die Inselbrücken Stockholms zur Werft fahren, wo die *Vasa* vor Anker liegt. Dort angekommen, zeigt ihm der Hafenmeister den Fortgang der Arbeiten.

An der Mole trifft gerade eine Ladung Steine ein.

»Sind das alle?«, fragt Gunnar Detlefsson.

»Das war die letzte Fuhre«, nickt der Hafenmeister. »Heute Abend ist der Kielraum voll, ab morgen geht's an die Bewaffnung.«

Der Fuhrmann, der das Gespräch mitbekommen hat, nimmt seine Mütze ab und wischt sich den Schweiß von der Stirn.

»Seid Ihr da sicher?«, fragt er. »Was wir rangeschafft haben, wär kaum genug für ein halb so großes Schiff!«

»Das reicht diesem Trumm von Kahn nie als Gegengewicht!«, pflichtet ihm einer der Tagelöhner bei, die das Schiff beladen. »Glaubt mir, ich hab so was schon öfter gemacht und …«

»Halt's Maul, oder heute war's das letzte Mal!«, weist ihn der Hafenmeister lautstark zurecht. »Weitermachen, los!«

Gunnar Detlefsson runzelt die Stirn und will etwas sagen. Da fallen ihm die Worte des Königs wieder ein. Er schweigt.

Die Jungfernfahrt der *Vasa* am 10. August 1628 fand bereits im Hafen von Stockholm ein jähes Ende. Bei einer starken Windböe kenterte das Schiff und sank. Es hatte noch nicht einmal eine Seemeile zurückgelegt.

Lieber untergehen, als die Befehlsgewalt aus der Hand geben. Das nennt man Widerstand. Und genau darum geht es: Es kann ja sein, dass ich mit allem, was ich behaupte, recht habe, dass es aber dennoch in weiten Teilen von Wirtschaft und Gesellschaft unmöglich ist, solche komplexen, dynamikrobusten Pfirsich-Organisationen aufzubauen, und zwar schlicht aus dem Grund, weil die Menschen es nicht wollen.

Können beispielsweise stumme, bewusst unscharf gestaltete Modelle in heutigen Unternehmen und Organisationen überhaupt Fuß fassen? Dort würden doch automatisch die »besseren«, genaueren Modelle vorgezogen werden. Und Vernetzung, stumme Modelle und Lösungen auf einer anderen als der Problemebene hin oder her: Ist die Einsicht, dass das Operieren auf der Problemebene nicht weiterführt und dass stattdessen Veränderungen am ganzen System erforderlich sind, nicht eine reine Wunschphantasie?

Machen wir deshalb, auch wenn es vielleicht weh tun wird, den Realitäts-Check in Sachen Komplexitätsbewältigung.

Es ist zwar richtig und leicht einzusehen, dass die Leistung und der Erfolg von Unternehmen und Organisationen als Ganzes entscheidend sind und nicht die Einzelleistung einer Führungskraft oder eines Mitarbeiters. Trotzdem begehen nicht nur Sportjournalisten den Fehler, einzelne Spieler einer Mannschaft zu benoten, sondern auch Führungskräfte: individuelle Beurteilungen und Mitarbeitergespräche, in denen die individuelle Leistung bewertet werden. 360-Grad-Feedbacks – mit schickem Namen klingt das erst recht noch besser. Wer gut ist, wird befördert. Für herausragende Leistungen und konstruktive Vorschläge gibt es Belohnungen. In jährlichen Zielgesprächen werden Boni ausgehandelt.

All diese Maßnahmen haben eines gemeinsam: Bonussysteme und Beförderungen zielen immer nur auf Einzelleistungen ab – zum Erfolg hat aber nicht nur eine Person, sondern eine Gruppe von Menschen oder eine gesamte Abteilung beigetragen. Statt das System zu entwickeln und zu stärken, stärken die Unternehmen das Individuum. Und das, wohin man auch blickt.

Warum ist das so?

Die Aufteilung in einzelne Organisationsbereiche war für das Zeitalter der Industrialisierung ein immenser Motor: Herrschaftliche Gründerzeitstraßen und prächtige Jugendstilvillen zeugen noch heute von dem Wohlstand, den die konsequente Arbeitsteilung im 19. Jahrhundert und Anfang des 20. Jahrhunderts ermöglichte.

Je kleiner die Ausschnitte sind, in die man eine Organisation aufteilt, desto besser ist es, die Kontrolle darüber zu behalten: »Small is beautiful!« Klein ist schön – und eben sicherer, kontrollierbarer, effizienter, besser.

Dieser Gedanke hat sich nicht nur in der volkswirtschaftlichen und betriebswirtschaftlichen Lehre an Universitäten und in Wirtschaftslehrbüchern festgesetzt, sondern er hat auch unsere gesamte gesellschaftliche Organisationstätigkeit durchdrungen. Im Schulwesen sollten jahrzehntelang Realschüler möglichst nichts mit Gymnasiasten zu tun haben. Noch heute sind die Inhalte des Mathematikunterrichts scharf abgegrenzt vom Fach Deutsch oder Erdkunde. Hochschulen bieten in Deutschland rund 16 000 Studiengänge an, jeder für sich hochspezialisiert. Das Bildungssystem fußt auf der konsequenten Trennung von Bereichen. Wie sollte man auch alle Fächer auf einmal lehren? Universalgelehrte wie Gottfried Wilhelm Leibniz gibt es heute nicht mehr. Sie können auch gar nicht alle Wissenschaften auf einmal überblicken. Dazu ist die Forschung viel zu umfangreich.

Auch vor der Politik hat die manische Aufteilung in Einzelbereiche und Sektionen nicht Halt gemacht. Das Außenministerium und das Verteidigungsministerium sind zwei verschiedene, voneinander unabhängige Institutionen. Jeder Verwaltungsbereich ist bis ins kleinste Detail organisiert – es gibt Spezialisten für außenpolitische Beziehungen mit Nigeria und Spezialisten für militärische Lenkwaffen usw. Die Welt ist zu groß, als dass ein Einzelner sie managen könnte. Mit seiner Unterteilung in Ressorts fußt auch das politische System auf jener alten, mechanistischen Sehnsucht nach funktionaler Trennung, die sich durch die gesamte Gesellschaft zieht.

Die Spezialisierung und Fokussierung auf eine Person hat so weit geführt, dass bei erfolgreichen Unternehmen – von außen betrachtet – nur noch ein Held an der Spitze zu stehen scheint. Das liegt daran, dass Menschen Helden lieben und an sie glauben. Deswegen sehen wir auch nur sie – ob es sich um den ehemaligen General-Electric-Chef Jack Welch, die Aldi-Brüder oder Facebook-Gründer Mark Zuckerberg handelt. Wer für etwas Herausragendes steht, dem schreiben wir die Leistung zu.

Divide et impera, so lautete angeblich Caesars Wahlspruch. Ob es nun von ihm persönlich stammt oder auch nicht, ob es antik ist oder später erfunden wurde: Das Prinzip »Teile und herrsche« durchwebt sämtliche Bereiche von Wirtschaft und Gesellschaft. Und erscheint dabei so überzeugend. Weil es so gut funktioniert.

Allerdings heißt es »Teile und herrsche« und nicht »Teile und sei effizient«.

Hier wendet sich das Blatt.

Ist Verteidigungspolitik nicht immer auch Außenpolitik? Schließt Außenpolitik nicht auch Wirtschafts- und Finanzpolitik mit ein? Dass drei Ressorts – Finanzpolitik, Außenpolitik und Wirtschaftspolitik – je nach Regierungskoalition von Vertretern unterschiedlicher Parteien besetzt werden, bestätigt im Grunde nur eines: Macht geht in der Politik vor Inhalt. Aber ob *Spiegel*-Bericht oder Stammtischgerede – wir prügeln immer auf den einzelnen Politiker ein, statt nach dem System zu fragen. Denn nicht der Einzelne gewinnt das Spiel, sondern das System!

Vielleicht ohne es zu wollen, hat der frühere Bundespräsident Horst Köhler dies bestätigt: Am 22. Mai 2010 sendete Deutschlandradio Kultur ein Interview mit dem Bundespräsidenten, das auf dem Rückflug von einem Besuch in Afghanistan geführt wurde. Darin ließ Köhler jene Bemerkung fallen, die schließlich zu der harschen Kritik an seiner Person und später zu seinem Rücktritt führte: Im Zweifel sei ein militärischer Einsatz notwendig, »um unsere Interessen zu wahren, zum Beispiel freie Handelswege, zum Beispiel ganze regionale Instabilitäten zu verhindern, die mit Sicherheit dann auch auf unsere Chancen zurückschlagen negativ durch Handel, Arbeitsplätze und Einkommen«. Das war für die Öffentlichkeit zu sehr quergedacht. Gewehre sind Gewehre, und Scheckbücher sind Scheckbücher – wer das durcheinanderbringt, der muss gehen. Wer schön bei seinem Leisten bleibt und weiterschustert, fährt da besser. Schade.

Denn wer zum Beispiel das Barockzeitalter verstehen möchte, sollte sich nicht nur der Musik von Händel und Bach zuwenden, sondern auch den *Simplicissimus* oder den *Don Quichote* lesen, zum Schloss nach Versailles fahren und sich mit Ludwig XIV. befassen. Nur im Ganzen lernt man, eine historische Epoche zu verstehen, nicht in Einzelteilen.

Noch absurder ist es, sich beim wirtschaftlichen Erfolg eines Unternehmens auf Einzelpersonen zu konzentrieren. Diese vermeintlichen Lichtgestalten konnten und können ihr Potenzial nur innerhalb von Teams entfalten. Dr. Oetker schüttet die Pulver seiner Fertigpuddings ebenso wenig selbst in die Packungen, wie die Aldi-Brüder ihre Filialregale eigenhändig einräumen. Statt alle Mitarbeiter, die am Erfolg des Unternehmens beteiligt sind, zu belohnen, konzentrieren sich Unternehmen auf den Einzelnen, in Form von Beförderungen oder individuellen und angeblich leistungsbezogenen Bonuszahlungen. Unternehmen wie auch die Gesellschaft sind auf Individuen fixiert und denken nicht an das System.

Hinter Innovation und Wertschöpfung steht nämlich heutzutage die Teamkompetenz und nicht ein einzelner Spezialist. Jedes

Unternehmen, jede Organisation ist im Grunde eine Problemlösungsmaschine. Diese Maschine produziert nur dann Leistung, trägt also zur Wertschöpfung bei, wenn Mitarbeiter ihre unterschiedlichen Kompetenzen bündeln und dadurch eigenständige und kreative Lösungen für Probleme finden, die von außen, aus der komplexen Welt, auf sie zukommen.

Dies kann eine Einzelperson in den meisten Fällen nicht mehr schaffen. Früher vielleicht. Heute nicht mehr. Die intuitive Fokussierung auf den »Spezialisten«, den »Experten«, der durch seine überragenden individuellen Fähigkeiten die Lösung finden soll, ist eine gefährliche Sackgasse. Denn je komplexer die Situation wird, desto überlegener sind Teams gegenüber dem Einzelnen, und sei er noch so kompetent. Der Zeitgeist ruft heute ständig nach Experten. Vielleicht erlebt das Wort aber in den nächsten Jahren einen Bedeutungswandel und wir assoziieren mit »Experte« künftig eher den »Überforderten« …

Wenn funktionale Teilung und die Spezialisierung und Fokussierung auf Einzelnes in immer komplexer werdenden Umfeldern immer schlechter funktionieren, müssten wir unser System eigentlich komplett umstellen. Das würde vor allem heißen: Wir müssten aufhören zu managen, auf die Verwendung von lauten Modellen in komplexen Situationen bewusst verzichten, Denken und Handeln an Teams übertragen.

Ist das realistisch?

Manchmal fürchte ich, dass dieser Vorschlag keine großen Erfolgsaussichten hat. Denn es geht wieder einmal um eine grundsätzliche Entscheidung. Und die betrifft eben nicht ein paar stilistische Änderungen oder das Einführen einiger neuer Instrumente, sondern gleich ein ganzes Weltbild.

Das bisherige System beizubehalten bedeutet, Macht und Entscheidungen zu zentralisieren und mit noch intensiverer und disziplinierterer Anwendung tayloristischer Ideen die Komplexität zu bekämpfen. Das ist uns vertraut. Dafür ernten Sie schnell Beifall. Die andere Möglichkeit bedeutet, völlig anders zu denken, zu organisieren, zu handeln. Das erfordert Mut, denn dieser Weg ist eine frische, noch nicht ausgetrampelte Schneise im Dickicht.

Also noch ein Umzug von Regierungsbeamten, noch eine Schulreform, noch eine grundlegende Überarbeitung der Organisationsstruktur innerhalb eines Konzerns? Ich fürchte, hier steigen die meisten Führungskräfte aus und überlassen sich den Trägheitsgesetzen. Teile und herrsche. Weil wir es schon immer so gemacht haben. Daran werden die auf diesen Seiten skizzierten Gedanken zur Komplexität so schnell wohl nichts ändern.

Und die alten Denkmuster funktionieren ja auch noch immer …

Hatte »Alf« Ramsey recht?

Daimler AG Mitarbeiter weltweit: 275 087 – Umsatz: 114 297 Mio. Euro – Gewinn: 6495 Mio. Euro
Siemens AG Mitarbeiter weltweit: 370 000 – Umsatz: 78 296 Mio. Euro – Gewinn: 4590 Mio. Euro
BASF SE Mitarbeiter weltweit: 113 262 – Umsatz 78 729 Mio. Euro – Gewinn: 5222 Mio. Euro
Volkswagen AG Mitarbeiter weltweit: 549 763 – Umsatz: 192 676 Mio. Euro – Gewinn: 21 884 Mio. Euro

Ein kurzer Blick in die Bilanzen von vier zufällig herausgepickten Dax-Konzernen im Jahr 2012. Etwa siebzig Jahre zuvor hatten die deutschen Großstädte in Trümmern gelegen und war die Infrastruktur erheblich beschädigt gewesen. (Dass die industriellen Kapazitäten 1945 auf null heruntergebombt waren, ist allerdings eine Legende, wie die historische Forschung inzwischen nachgewiesen hat. Offensichtlich war die deutsche Produktion nach Kriegsende zwar deutlich reduziert, lag aber immer noch über dem Niveau der Vorkriegszeit.)

Ein weithin zerstörtes Land mit hehren politischen Ambitionen, aber ohne Stimme im Konzert der Großen in der Weltwirtschaft. In den Fünfzigerjahren kamen mit den Millionen Vertriebenen aus Osteuropa dann viele Arbeitskräfte ins Land und schufen das Wirtschaftswunder – mit dem ein massiver materieller Aufschwung einherging. Es folgten die gesellschaftlichen und politischen Umbrüche der Sechziger- und Siebzigerjahre, der konsumgeprägte Überschwang der Achtziger und Neunziger und schließlich die Jahrtausendwende.

Heute stehen deutsche Dax-Unternehmen weltweit hervorragend da. Nicht einmal die diversen Börsencrashs in den letzten zehn Jahren konnten das Wachstum, das diese Erfolge ermöglichte, merklich bremsen oder gar zunichte machen.

Angesichts dieser Erfolgsgeschichte kann das Denken in den Führungsetagen der großen Konzerne doch kaum falsch gewesen sein! Klar, ein paar spektakuläre Pleiten hat es gegeben – Agfa, Grundig, Schlecker, Quelle, die Maxhütte –, aber das ändert nichts an der Tatsache, dass Wachstum und Wohlstand auch mit den bisherigen Modellen erstaunlich gut erreicht wurden. In diesem Zusammenhang fällt mir der legendäre Ausspruch des englischen Fußballerspielers und Trainers Sir Alfred Ernest »Alf« Ramsey ein: »Never change a winning team!«

Zumindest sollte ich als Fußballfan einsehen, dass laute Modelle besser sind als gar keine! Und dass Unternehmen mit klaren Hierarchien, umfassender Planung und florierender funktionaler Teilung wirklich gut vorangekommen sind. Das tayloristisch geprägte Vorgehen, die Trennung von Entscheiden und Ausführen, hat sich doch lange genug bewährt!

Und da komme ich mit der Forderung, dass ein neues Denken erforderlich ist?

Natürlich gibt es Ausnahmen, wie unberechenbares Kundenverhalten oder eine Finanzkrise, welche die Wirtschaft in Schwierigkeiten bringen. Aber das sind womöglich nur einmalige

Ereignisse. Aber deswegen gleich ein komplettes und gut funktionierendes System wechseln?

Das sind Argumente! Vielleicht stecke ich ja selbst mitten in einem Wrong Turn?

Nieten I

Dong.

Als Jugendlicher hatte ich einen Ferienjob in der Metallbaufirma meines Vaters. Das Unternehmen stellte unter anderem ISO-Container der Größen 20 und 40 Fuß her, wie sie im Frachtverkehr auf Schiffen, Güterzügen und Lastwagen die Welt umrunden. Meine Leistung wurde nicht direkt mitkalkuliert, sondern es ging primär darum, diejenigen zu entlasten, die den Takt durchhielten.

Dong.

Ich half in der Montagestraße aus. Eine Druckluftnietpistole in der Hand, musste ich Innen- und Außenbleche miteinander vernieten. Jede einzelne Niete wurde vorn in das Werkzeug gesteckt – wir hatten noch keine automatische Nachführung. Dann setzte ich die Pistole an und drückte ab.

Dong.

Nach 50 Minuten musste jeder Container fertig sein. Dieser Takt war durchaus zu bewältigen, trotzdem war die Arbeit knochenhart. Ich alleine klopfte pro Takt 200 bis 300 Nieten ins Blech – stehend, sitzend, am Boden kniend oder auch über Kopf.

Dong.

Container in Serie zu montieren ist ein gering komplexes Unterfangen. Dazu braucht es in den seltensten Fällen situationsbezogene Einzellösungen, sondern lediglich effizientes Vorgehen: einen genauen Plan, wann welcher Fertigungsschritt wie zu tun ist. Der Ingenieur entwickelt den Container, der Vorarbeiter legt die Arbeitsstufen fest, und die Arbeiter schießen die Nieten ins Blech. Ganz einfach.

Ob Container-Fertigung, Dosentomaten-Produktion oder Lohnbuchhaltung – es gibt in Unternehmen und Institutionen durchaus Tätigkeiten, bei denen die Trennung von Denken und Handeln, also das tayloristische Denken, keinen Schaden anrichtet. Nur um einen Container zu bauen, muss niemand ständig Entscheidungen treffen. Laute Modelle sind hier vollkommen richtig und schaffen Effizienz. Maul halten und weiterarbeiten!

Es scheint ganz so, als würden wir die Komplexität der Welt vielleicht doch gnadenlos überschätzen.

Nieten II

Ein Bekannter von mir, von Hause aus Ingenieur, arbeitet beim Automobilzulieferer ZF Sachs in Schweinfurt. Als Logistikplaner entscheidet er beispielsweise darüber, wie die Verpackungen für die Stoßdämpfer des Porsche Cayenne aussehen sollen, ob Einweg- oder Mehrwegverpackungen verwendet werden und auf welchem Versandweg die Ware verfrachtet wird.

Eines Morgens auf dem Weg zu seiner Arbeitsstelle sieht er schon von Weitem zahlreiche Einsatzfahrzeuge von Polizei und Feuerwehr, die mit eingeschaltetem Blaulicht vor der Produktionshalle parken. Das Gelände ist abgeriegelt. Vor dem Absperrband erwartet ihn sein Chef:

»Sie können wieder nach Hause fahren, die komplette Produktionsschicht ist abgeblasen!«

Das *Schweinfurter Tagblatt* berichtete später, dass 18 der 171 Mitarbeiter, die Halle 2 betreten hatten, mit Atembeschwerden ins Krankenhaus gebracht werden mussten. 117 hätten über Kreislaufprobleme, Kopfschmerzen und Übelkeit geklagt. Zwei Not- und drei Werksärzte sowie mehrere Sanitäter hätten sich um die Verletzten gekümmert. Die Halle selbst sei mittlerweile evakuiert worden – bis auf ein Dekontaminationsteam mit Schutzanzügen und Gasmasken.

Wenig später stellte sich heraus, dass ein 27-jähriger Mitarbeiter innerhalb der Produktionshalle mehrere Stinkbomben losgelassen hatte. An vier verschiedenen Stellen fanden die Ermittler von Glassplittern durchsetzte Pfützen einer farblosen Flüssigkeit, die als Buttersäure identifiziert wurde. Buttersäure, eine einfache Fettsäure, riecht nach einer Mischung aus ranzigem Fett und Erbrochenem. Die Dämpfe der Buttersäure wirken stark reizend. Nach ersten Informationen hatte der Mitarbeiter bloß einen Scherz machen wollen.

Die Bilanz des Vorfalls: In Schweinfurt fiel eine Produktionsschicht aus. Daraufhin konnte das angebundene ZF-Werk in Saarbrücken nicht produzieren. Somit standen auch bei Porsche drei Tage lang die Maschinenstraßen still. Eine erste Kalkulation inklusive aller drohenden Konventionalstrafen ergab einen Gesamtschaden in Millionenhöhe.

Alles nur wegen eines unüberlegten, infantilen Streichs.

Bei so einer Geschichte könnte man sich ernsthaft fragen, ob es wirklich sinnvoll ist, jedem Einzelnen Entscheidungsbefugnis zu übertragen. Wer weiß, ob eine Führungskraft einem solchen Mitarbeiter vertrauen kann und ihm Verantwortung übertragen sollte. An dieser Stelle kann man natürlich einwerfen, dass es Menschen gäbe, die gerne entscheiden, während andere lieber nur ausführen und sich führen ließen. Das sei ganz normal und auch gut so, denn was wäre, wenn alle Chef sein wollten? Menschen, die keine Entscheider sein wollen, wären mit allem, was über die Acht-Stunden-Tretmühle hinausgeht, schlicht überfordert. Diesen Mitarbeitern wichtige Entscheidungen zu überlassen wäre so, als hätte man seinerzeit den einfachen Fuhrmann, der die Steine für die *Vasa* beförderte, danach auch gleich ans Steuerrad des Prachtschiffes gelassen!

Eine solche Konsequenz aber käme einem vernichtenden Urteil über die Verlagerung von Entscheidungen vom Kern an die Peripherie gleich: Ich kann doch in einer komplexen Situation niemanden entscheiden lassen, der das gar nicht will oder nicht kann. Oder?

Walking on the moon

Als Kind ging ich jeden Samstag mit meinem Vater zum Eisenwarenhändler in unserem Dorf. Ich liebte diesen Laden, denn es gab dort so viel zu sehen! Es roch nach Eisen und Öl. Der Laden war bis unter die Decke vollgestopft mit Werkzeugen, Beschlägen, Schrauben, Nägeln und Gartengeräten – alles auf engstem Raum, wie man es von einem richtigen Tante-Emma-Laden kennt. Nur dass es hier eben keine Lebensmittel, sondern Metallwaren zu kaufen gab.

Jahre später, eines Tages im Spätherbst, prangte ein Schild an der Ladentür:

»Ausverkauf! Wir schließen zum 31. 12. 2001!«

Die Aufregung war groß. Das Ehepaar, das den Laden führte, war mit Anfang 60 zwar schon länger im Geschäft, stand aber noch keineswegs mit einem Bein im Grab. Entsprechend verwundert erkundigte sich mein Vater nach den Gründen für die bevorstehende Schließung.

»Ach, wissen Sie, Herr Vollmer«, antwortete ihm die Ladenbesitzerin, »das mit dem Euro, das machen wir nicht mehr mit.«

So ist das in Wirklichkeit mit den Veränderungsprozessen. Manchmal ist es nämlich einfach zu viel. Verändern ist zwar toll, verändert werden aber furchtbar.

Warum also sollten wir unser scheinbar so bewährtes System, dieses *winning team,* ändern? Niemand kann garantieren, dass das neue System besser mit der komplexen Welt zurechtkommt. Einige ermunternde Beispiele sind vielleicht zu wenig. Eine Umstellung des Systems ist also durchaus riskant. Hinzu kommt, dass der Aufwand, das gesamte System umzustellen, den meisten als immens erscheint. Ist das realistisch? Außerdem ist die Frage, ob die Umstellung überhaupt durchführbar und durchsetzbar ist.

Reden wir also über Luftschlösser?

Der Unterschied zum Euro, der dem Eisenwarenladen im Dorf meiner Eltern den Garaus machte, ist der: Neue Paradigmen zur Bewältigung der Komplexität werden Ihnen nicht einfach so übergestülpt, ohne dass Sie sich dagegen wehren könnten. Vielmehr ringen diese Paradigmen Ihnen eine klare Entscheidung ab – dafür oder dagegen. Ohne diese Entscheidung, die Sie selber treffen müssen, passiert gar nichts!

Und der Gegenwind ist immens: Vielleicht sind zeitgleich mit diesem Buch zehn weitere Bücher erschienen, die das gute alte Management lehren und dessen Vorzüge preisen. Bestimmt enthalten sie gute Gründe dafür, dass die alten Paradigmen richtig und die neuen – sofern sie überhaupt erwähnt werden – Humbug sind.

Ganz schön harter Tobak. Und das ist vermutlich noch nicht mal alles ...

Schamanen sind immer pleite

Wahrscheinlich brennt Ihnen längst noch ein anderer Einwand auf den Nägeln: »Der Vollmer irrt sich!«

Ich selbst könnte ja durchaus genau die Fehler gemacht haben, für die ich Sie in den zurückliegenden Kapiteln zu sensibilisieren versucht habe.

Vielleicht bin ich selber geblendet durch den Halo-Effekt, sitze selber dem Bestätigungsfehler und dem Expertenproblem auf und verkette eigentlich unabhängige Ideen und Erfahrungen in der falschen kausalen Richtung. Was ich Ihnen als Alternativen zum althergebrachten Management anbiete, könnte ja bloß ein weiteres Modell aus der gefürchteten *best practice*-Kiste sein. Eines von tausend anderen, die früher oder später allesamt reif sind für den Elefantenfriedhof, um als Fossilien einer längst vergangenen Zeit vergessen zu werden. Oder die gleich beim ersten Ausprobieren baden gehen, wie die *Vasa* im Hafen von Stockholm.

Zumindest auf ein Teilgeständnis lasse ich mich gerne ein: Prinzipiell könnte ich falsch beobachtet haben. Denn auch ich sehe immer nur einen Ausschnitt der Realität. Auch meine persönliche Sicht auf die Dinge ist begrenzt. Ich höre vornehmlich, was ich hören will, lese die Bücher, die mich interessieren und bestätigen, und merke mir diejenigen Aussagen von Kollegen, die mir vernünftig und plausibel erscheinen. Mit einem Wort: Ich bin genauso anfällig für Denkfehler wie jeder andere auch.

Zu meiner Verteidigung sei gesagt, dass ich bemüht bin, mir meine Denkfehler bewusst zu machen und die Möglichkeit einer verzerrten Wahrnehmung und falschen Schlussfolgerung in meine Überlegungen mit einfließen zu lassen. Meine Anfälligkeit für Fehler verringert sich dadurch – ganz verschwinden kann sie und wird sie jedoch nicht.

Ein Kritikpunkt, den ich oft höre, lautet, dass ich im Prinzip nichts anderes täte, als allseits bekannte Inhalte umzuformulieren und für bestehende Begriffe lediglich andere Bezeichnungen zu benutzen – als würde sich mit einer neuen Verpackung auch der Inhalt ändern.

Bekannte Konzepte umzubenennen und alten Wein in neuen Schläuchen zu präsentieren ist eine Unsitte, die ich selber kritisiere. Beispielsweise kann man das Wort »Planung« durch »Vorbereitung« ersetzen und »planen« durch »sich vorbereiten«. Das geht mit der Funktion »Suchen und ersetzen« in jedem beliebigen Schreibprogramm recht flott. Reiner Etikettenschwindel, so der naheliegende Verdacht!

Warum sollten Sie mir also glauben?

Die Antwort ist ganz einfach: Sie sollen mir gar nicht glauben. Ich möchte, dass sie selbst denken und verstehen.

Natürlich bin ich davon überzeugt, dass ich mit allem, was ich Ihnen erzähle, recht habe. Wenn ich so bescheiden sein darf. Aber ich bin kein Gesetzgeber. Mein Ziel ist es, Ihnen Impulse zum Nachdenken zu liefern. Sie dazu zu bringen, selbst zu urteilen.

Alte Glaubenssätze in Frage zu stellen. Eigenständig nachzudenken. Meine Thesen zu überprüfen. Die Argumente nachzuvollziehen.

Und ich gebe nicht auf…

10. Was interessiert mich mein Geschwätz von gestern?

Ich denke, wir sind uns so weit einig: Es liegt auf der Hand, dass wir in diesen Zeiten eine Alternative brauchen: Mag sein, dass in vielen Fällen und für viele Menschen hierarchische Führung nach Taylor bestens funktioniert. Auch künftig. Aber es gibt viele und immer mehr Felder und viele und immer mehr Menschen, für die wir ein ganz neues Verständnis von Führung in Wirtschaft und Gesellschaft brauchen – damit uns nicht mehr so häufig ein Wrong Turn unterläuft.

Überraschenderweise ist das eine Art von Führung, die auf alles verzichtet, was Führung bislang bedeutete. Man könnte auch sagen: Wir brauchen keine Führer mehr. Wir brauchen keine Manager mehr. Es geht auch ohne, und ohne geht es immer öfter besser.

Und das passt ja durchaus zu dem riesengroßen, halb unterschwelligen, halb offen zur Schau gestellten Unbehagen in der breiten Öffentlichkeit gegenüber unseren Führungskräften. So hat es sich in der gesellschaftlichen Debatte um gute Unternehmensführung, verantwortungsvolle Politik oder auch zukunftsweisende Schule inzwischen eingebürgert, die moralische Keule zu schwingen. Wir werfen ganz automatisch und reflexhaft Managern vor, sie seien wahlweise skrupellos oder gierig. Politiker prangern wir an, weil wir sie wahlweise für populistisch oder machthungrig halten. Und Lehrer beschuldigen wir, sie seien wahlweise ignorant oder faul. Und im selben Atemzug entwerfen wir Kataloge mit Wunscheigenschaften. Wenn Manager doch nur mehr Moral hätten! Wenn Politiker doch nur gerechter wären! Wenn

Lehrer doch nur vorbildlichere Persönlichkeiten wären! Hätten wir bessere »Werte« in den Vorstandsetagen, dann würden die da oben besser darauf achten, was sie selbst tun und was unter ihrer Ägide passiert. Gerechtigkeit wäre die logische Folge… Tatsächlich?

Andersherum klagen Politiker über veränderungsunwillige Bürger. Führungskräfte in der Wirtschaft jammern über Mitarbeiter, die scheinbar ihr Gehirn beim Pförtner abgeben, bevor sie ihr Büro betreten. Und Lehrer beschweren sich über verantwortungslose Eltern und respektlose Schüler. Wer ist also schuld am gefühlten Werteverfall in unserer Mitte?

Eigentlich schlagen sich alle nur gegenseitig mit der moralischen Keule auf den Kopf – und alles bleibt beim Alten. Mit Moralisieren sind die aktuellen, tatsächlich vorhandenen Probleme aber weder zu verstehen noch zu lösen. Nicht mal ansatzweise. Denn das Moralisieren ist nichts weiter als eine Legitimation, andere Menschen aufzufordern, anders zu werden. Politiker sollen sich ändern, Lehrer sollen sich ändern, Manager sollen sich ändern – rufen die Journalisten, die sich aber auch ändern sollten, wie die angewiderten Leser finden. Und die Bürger und die Schüler und die Mitarbeiter müssen sich sowieso ändern, klar, sonst können wir das Wirtschaftswachstum, die Umsatzrendite, den Bildungsstand und überhaupt alles vergessen.

Eine ganze Branche, nämlich die des klassischen Change-Managements mitsamt seinem riesigen Weiterbildungsapparat, versucht immer wieder – zudem mit der tayloristischen Ideologie – das Verhalten von Menschen zu ändern. Sprüche wie »Wir müssen die Mitarbeiter ins Boot holen« sind da äußerst verräterisch und zeugen lediglich von einer Pseudo-Partizipation.

Von Einzelnen Verhaltensänderungen einzufordern ist aber sowohl psychologischer als auch systemtheoretischer Unsinn und kann zu Recht selber in hohem Maße als unmoralisch eingestuft werden. Vor allem aber ignoriert das Moralisieren, dass sich Menschen nun mal immer in Kontexten, in Systemen bewegen. Und das Verhalten in Systemen ist immer »richtig«.

In zahllosen Bücher und Zeitschriften wird heute »Werteorientierung« gepredigt. Damit meinen die Autoren nichts weniger als die Verpflichtung anderer Menschen auf ihre eigenen Werte. Wir arbeiten uns daran ab und erzeugen doch nur mehr von dem, was wir bekämpfen wollen. Denn leider kämpfen wir auf der Problemebene.

Aber Werte sind nicht disponierbar! Sie sind nicht engineerable! Und ich sage das als Ingenieur. Werte verändern sich ständig und bei uns allen, aber nicht zielgerichtet und längst nicht immer wunschgemäß. Wenn wir Verhaltensänderungen anstreben, dann dürfen wir nicht versuchen, Verhalten direkt zu ändern, sondern müssen Kontexte schaffen, in denen das gewünschte Verhalten »richtig« ist.

Rollen statt Posten

Das Verhalten von Führungskräften im Kontext der globalisierten, vernetzten, beschleunigten Wirtschaft mag kontextabhängig »richtig« sein, es führt aber trotzdem immer öfter zu mangelhaften bis falschen Ergebnissen. Führungskräfte nach bewährtem Zuschnitt versagen einfach, wenn es komplex wird. Nicht weil sie »schlecht« sind oder »Falsches« tun, sondern weil sie Führungskräfte sind. Ich möchte nicht gerade behaupten, dass sie in komplexen Situationen so deplatziert wirken wie ein Pferdefuhrwerk auf der Autobahn, aber wenn man sich ansieht, wie Führungskräfte in Unternehmen und anderen Institutionen normalerweise auf Komplexität reagieren, dann liegt ein solcher Vergleich nahe.

Führungskräfte reagieren meiner Erfahrung nach mit einer von vier Ausweichstrategien:

1. Ignorieren. Einfach weitermachen nach dem Drei-Affen-Prinzip: nichts hören, nichts sehen, nicht sprechen.
2. Versuch und Irrtum. Blindes, unsystematisches Ausprobieren.

3. Denken. Ganz rational an die Komplexität herangehen und sie verstehen wollen.
4. Trivialisieren. Wer einen Elefanten essen will, muss ihn halt in Scheiben schneiden.

Leider sind alle vier Strategien Wrong Turns!

1. Weil Stillstand in der Wirtschaft nie funktioniert und Probleme nicht dadurch verschwinden, dass man sie nicht wahrhaben will.
2. Weil unsystematisches Ausprobieren und »Rumwursteln« nur mit sehr viel Glück dazu führen, dass sich ein Unternehmen verbessert. Wollen Sie sich wirklich ausschließlich dem Zufall ausliefern?
3. Weil Komplexität keinen Menschen und keine Maschine rationalisieren kann – denken Sie nur an die narrative Verzerrung.
4. Weil sich komplexe Systeme nun mal anders verhalten als die Summe ihrer Elemente. Die Wissenschaft nennt diese Eigenschaft: Emergenz. Und Sie können sich davon in einem Fußballstadion überzeugen.

Alles schön und gut, aber wie sollen Sie stattdessen reagieren?

Hier liegt der Hase im Pfeffer: gar nicht!

Das Problem ist nicht, dass Sie als Führungs*kraft* irgendetwas falsch machen, das Problem ist das Konzept der »Führungskraft« selbst. Manager tun das, was Manager tun. Nämlich managen. Management ist keine Gruppe von Menschen, sondern eine Technologie, genauer: eine Sozialtechnologie. Manager sind lediglich die Menschen, die dafür vorgesehen sind, »Management zu tun«. Und auch Manager tun einfach nur ihre Arbeit

Ihr Verhalten ist zu nahezu hundert Prozent kontextabhängig – man könnte auch sagen: Sie tun, wie wir alle, ihr Bestes. Wenn das zu schlechten Ergebnissen, zu Wrong Turns oder zu moralisch anrüchigen Zuständen führt, dann ist nicht der Mensch im Kontext daran schuld, sondern der Kontext. Also das System namens Management, das versucht, durch Trennung von Denken von Handeln für bessere Ergebnisse zu sorgen, indem Menschen »geführt« werden müssen.

Erschwerend kommt hinzu, dass niemand eine Gruppe von Menschen beispielsweise dazu zwingen kann, sich zu vernetzen – indem die Führungskraft etwa Teamarbeit verordnet. Sie kann nicht Kreativität oder Lernen anordnen. Vernetzung, Kreativität oder Lernen laufen bei Menschen ganz von selbst ab, sobald sie die Möglichkeit dazu haben und einen Sinn darin sehen. Selbstorganisation muss nicht geschaffen werden. Sie ist einfach da. Wenn sie Raum hat.

Denken Sie an virtuelle soziale Netzwerke wie Twitter oder Facebook: Sie funktionieren, ohne dass jemand die Nutzer dazu zwingen oder Motivationsanreize bereitstellen würde. Das Einzige, was bereitgestellt wird, ist eine Technologie, ein System. Und auf diesem Nährboden entsteht Erstaunliches – ganz von allein.

Die Vorstellung, dass Menschen ohne Anleitung, Coaching, Anweisung, Kontrolle, Vorgaben, Ziele usw. hervorragende Leistungen vollbringen, fällt uns deshalb so schwer, weil uns in hundert Jahren Taylorismus eingetrichtert worden ist, dass es Menschen gibt, die dafür sorgen, dass wir das Richtige tun. Seitdem glauben wir, dass Arbeitskräfte arbeiten und Führungskräfte führen. Dass also die Tätigkeit des Führens fest mit der Person der Führungskraft verbunden ist.

Führen ist aber schlicht eine Tätigkeit. So wie zuhören, nachdenken, überprüfen oder inspirieren. Das Konzept vom Führen als fest vergebener Aufgabe ist nur das: ein Konzept. Und wir wissen inzwischen hinlänglich, dass es ein Konzept ist, das nur im Spezialfall langsamer, linear verlaufender, vielleicht komplizierter, aber eben nicht komplexer Geschehnisse gut funktioniert. In komplexen Situationen schaffen es Führungskräfte nicht mehr, die Probleme ihrer Mitarbeiter zu lösen. Sie verstehen diese Probleme ja nicht einmal mehr.

Wenn wir dieses Konzept auflösen, dann einfach dadurch, dass wir Person und Aufgabe voneinander trennen. Die Aufgabe des Führens ist eine fluide, überall auftauchende Aufgabe. Ständig muss jemand die Führung übernehmen, vor allem in Gesprächen. Überall muss jemand den ersten Schritt tun, etwas anfangen, Verantwortung übernehmen, Ideen auf den Tisch bringen, Entscheidungen treffen, eben führen. Wer das aber im jeweiligen konkreten Fall tut, braucht nicht im Organigramm als Stelle festgelegt zu werden. Führung ist temporär und sozial autorisiert. Wenn das System gut durchdacht ist, dann führt in einer konkreten Situation derjenige, der dafür in diesem Moment am besten geeignet ist. Führung wird damit zur temporären Rolle.

Damit ist nicht gemeint, dass jeder wochen- oder monatsweise mal Führungskraft spielen darf. Das wäre auch wieder nur ein System, das Führung und Person fest miteinander verdrahtet, wenn auch auf andere Weise. Ebenso wenig ist gemeint, dass ein Chef auf Anweisungen verzichtet und sich auf das Coachen seiner Schützlinge konzentriert. Ein Vorgesetzter kann nie Coach sein. Die Menschen entwickeln sich im System schon ganz alleine.

Nein, so sehr wir der Führung bedürfen, die Führungskraft ist obsolet. Sie ist überflüssig. Sie kann nach Hause gehen …

Was Sie dann bitte schön machen sollen? Nun, manche ehemalige Führungskraft kann sicherlich irgendetwas besonders gut und wäre damit ein ideales Teammitglied. Das gilt insbesondere für jene Führungskräfte, die irgendwann einmal befördert wurden, weil sie bei irgendetwas gute Ergebnisse produziert haben, weil sie echte Könner auf einem Gebiet sind.

Andere Führungskräfte sind vielleicht besonders gut darin, Systeme zu gestalten. Eine wertvolle Kompetenz. Sie könnten Systemgestalter werden. Eine Organisation braucht beides: Arbeit im System und Arbeit am System. Aber eines braucht sie nicht: Arbeit am Mitarbeiter.

Diese Gestalter sollten die Systeme primär so gestalten, dass sie sich selbst steuern, sodass sie mit Komplexität besser zurechtkommen. Damit die Menschen innerhalb der Organisation in einem Kontext leben können, der komplexitätsgerechtes Verhalten wahrscheinlich macht. Wir wissen heute schon einiges darüber, welche Merkmale solche Organisationen haben:

- Sie verfügen über eine hohe soziale Dichte und ermöglichen den Mitarbeitern, vernetzt miteinander zu arbeiten.
- Sie ziehen bei der Bewertung von Leistungen und Erfolgen externe Referenzen heran.
- Sie ermöglichen den Mitarbeitern, Verantwortung zu übernehmen und eigenverantwortlich zu handeln.
- Sie verwenden bewusst stumme Modelle und verfallen nicht der Illusion, Kontrolle über die Organisation zu haben.
- Sie schaffen eine intensive Sinnkopplung, die unter Abwesenheit von Steuerung und Kontrolle die Orientierung für alle Mitarbeiter herstellt.
- Sie wissen, dass ihre Mitarbeiter von Natur aus motiviert und leistungsbereit sind, und vertrauen darauf.
- Sie haben keine Führungskräfte, sondern Führungsrollen, die situationsabhängig ausgefüllt werden.
- Sie reagieren so schnell und flexibel, wie es der Komplexitätsgrad der Umwelt erfordert.
- Sie lassen die Peripherie, nicht das Zentrum, die meisten Entscheidungen treffen.

Diese Liste erfüllt keinen Anspruch auf Vollständigkeit. Sie soll nur zeigen, wie anders die Organisationen gestaltet werden müssen, um sich in Komplexität erfolgreich zu bewähren. Aber wie heißt es in Goethes *Faust:* »Grau, teurer Freund, ist alle Theorie und grün des Lebens goldner Baum.« Wie aber sieht »des Lebens goldner Baum«, sprich: die Wirklichkeit, konkret aus?

In der Kantine

Ein Bekannter von mir ist Humanbiologe. Er arbeitete in einem großen Unternehmen mit Sitz in der Nähe von Kassel, das Produkte für medizinische Zwecke herstellt. Als er am Ersten Arbeitstag mit seinem Chef in die Kantine ging, fiel ihm als erstes die endlos lange Schlange an der Kasse auf. Wie jeder Kantinenbesucher musste auch er sich mit seinem Tablett anstellen und warten. Eine Kassiererin tippte alle Artikel ein, nahm das Geld entgegen und gab ihm Wechselgeld heraus.

Als sie endlich am Tisch saßen, fragte mein Bekannter seinen Chef, ob dieses System nicht ineffizient sei. Dabei deutete er auf sein Essen und dann auf die Uhr: Durch das lange Warten war die Mahlzeit kalt und die Mittagspause zur Hälfte um.

»Wie wäre es mit einem Automaten, an dem jeder sein gewähltes Essen einfach selber eingibt?«, schlug er vor. »Das würde nicht nur Zeit und Nerven sparen, sondern auch die Gehaltskosten der Kassiererin.«

»Geht nicht«, erwiderte sein Chef. »Dann würde ja jeder schummeln!«

Mein Bekannter war einigermaßen sprachlos. Wenn ihm sein Arbeitgeber nicht mal in der Mittagspause Vertrauen schenkte, wie sollte er ihm dann überhaupt vertrauen? Oder rechnete das Unternehmen generell damit, von jedem Mitarbeiter betrogen zu werden?

Bevor er diese Erfahrung machte, war mein Bekannter bei der deutschen Niederlassung eines Unternehmens, das Hygieneartikel herstellt, beschäftigt. In der Kantine dort gab es weder eine Essensausgabe noch Warteschlangen, sondern ein Selbstbedienungskonzept. Die einzelnen Vorspeisen, Hauptgerichte, Snacks und Desserts standen in Gefäßen von jeweils unterschiedlicher Form und Farbe bereit. Jeder nahm sich, was er mochte, ging zu einem der zehn Kassenautomaten, scannte seine Firmenkarte ein und drückte ein paar Tasten: zweimal auf Grün für Suppe und Salat in den grünen Terrinen, einmal auf Rot für den roten Teller mit Schinkennudeln, einmal auf Gelb für den Vanillepudding im gelben Schälchen. Der Betrag wurde direkt aufs Mitarbeiterkonto gebucht und automatisch mit dem Gehalt verrechnet.

Preisfrage: Welches der beiden Unternehmen hält seine Mitarbeiter wohl für verantwortungsbewusste Individuen? Bei der Beantwortung dieser Frage ist Douglas McGregor hilfreich.

McGregor, Professor am Massachusetts Institute of Technology (MIT), entwickelte in den Sechzigerjahren des vorigen Jahrhunderts die X- und Y-Theorie. Die beiden Theorien stehen für zwei völlig verschiedene Menschenbilder. Theorie X nimmt an, dass der Mensch eine angeborene Abneigung gegen Arbeit hat und stets versucht, ihr aus dem Weg zu gehen. Weil der Mensch keine Lust zum Arbeiten hat, muss er gezwungen, gelenkt, geführt und durch Strafe oder Belohnung mit Nachdruck dazu angehalten werden, das vom Unternehmen gesetzte Soll zu erfüllen. Außerdem drückt er sich vor jeder Form von Verantwortung, ist nicht kreativ und besitzt wenig Ehrgeiz.

Im Gegensatz dazu geht Theorie Y davon aus, dass die Verausgabung durch körperliche und geistige Arbeit ebenso natürlich ist wie Spiel und Ruhe. Dem Menschen ist keine Arbeitsscheu angeboren. Zugunsten von Zielen, denen er sich verpflichtet fühlt, ist der Mensch durchaus in der Lage, sich Selbstdisziplin und Selbstkontrolle aufzuerlegen. Er ist kreativ und verantwortungsbewusst.

Das Verdienst McGregors besteht darin, herausgearbeitet zu haben, dass es den X-Menschen in der Realität überhaupt nicht gibt. Er existiert nur in den Köpfen anderer Menschen! Der X-Mensch ist ein Konstrukt, vielleicht sogar eine Projektion. Allerdings ein Konstrukt mit schlimmen Folgen. Denn wer als Führungskraft glaubt, dass ein Mitarbeiter ein X-Mensch ist, also faul, führungsbedürftig und nur mittels Motivation durch positive oder negative Reize arbeitsfähig, der behandelt ihn auch entsprechend. Deswegen all die Vorschriften, all diese Anreizsysteme, all die

Kontrollmechanismen. Wie aber reagiert nun ein Mensch, der eigentlich, so wie wir alle, ein Y-Mensch ist, auf ein solches Programm? – Durch Passivität. Durch resignierte Folgsamkeit. Durch kontextkonformes Verhalten – und das ist in einem X-Kontext nun mal X-Verhalten. Ein freier Mensch, der eingesperrt wird, verhält sich wie ein Gefangener, logisch.

Das Unheil nimmt seinen Lauf, weil dieses X-Verhalten von den anderen Menschen beobachtet wird – was sie in ihrem Glauben bestätigt und die X-Theorie weiter zementiert. Das ist so, als würden Sie einen Menschen schuldig sprechen, weil er sich wie ein Schuldiger verhalten hat, als Sie ihn wie einen Schuldigen behandelt haben. Die Rechtfertigung des Urteils entstammt dessen Anwendung, ein klassischer Zirkelschluss bzw. eine sich selbst erfüllende Prophezeiung. Das funktioniert ähnlich wie bei der Kindererziehung: Wer seinen Kindern Liebe predigt, lehrt sie nicht das Lieben, sondern das Predigen.

Diese in der Breite völlig unterschätzte Arbeit McGregors könnte wie eine Befreiung wirken, wie eine Entfesselung. Eine Befreiung des Menschen von Zeiterfassung, Stellenbeschreibungen, Boni, Assessment-Centern, Mitarbeiterbeurteilungen, Urlaubsregelungen, Pausenvereinbarungen, Gehaltsbändern, Anreizen, Mitarbeiterbeurteilungen, Mitarbeiterbefragungen und vom Betrieblichen Vorschlagswesen ... Eine Entfesselung des ungenutzten Potenzials, das in jedem Menschen schlummert.

Für Unternehmen bedeutet dies, dass sie ihren Mitarbeitern zunächst einmal vertrauen. Mit »Vertrauen« sind allerdings keine Reden, Worthülsen oder Statements gemeint. Der performative Akt: »Hallo, ich vertraue dir jetzt«, genügt nicht. Er ist sogar überflüssig.

Dass ein Unternehmen seinen Mitarbeitern vertraut, drückt sich zum Beispiel wirksam dadurch aus, dass sie sich ihren Urlaub nicht genehmigen lassen müssen, sondern selbst verbindlich festlegen, wann sie in Urlaub gehen. Das System sorgt dafür, dass dabei kein Chaos ausbricht, beispielsweise indem es bestimmte Absprachen im Team fordert. Die Kantine mit dem verschiedenfarbigen Geschirr ist ein anderes Beispiel für ein Vertrauenssystem.

Ein unverzichtbares Element dabei ist Transparenz. In der besagten Kantine gibt es nichts zu verbergen oder zu kontrollieren. Nichts ist versteckt. Aber greift dann nicht doch jeder Mitarbeiter nach Belieben zu? Natürlich könnte ich mir vier Schälchen Vanillepudding nehmen, aber nur einmal auf den gelben Knopf drücken. Aber weil ich meine Mahlzeit eigenhändig einbuche, liegt es in meiner Verantwortung, die richtigen Knöpfe ausreichend oft zu drücken. Ich weiß, dass alle Menschen um mich herum mir vertrauen, und dieses Vertrauen möchte ich nicht missbrauchen. Damit würde ich alle Kollegen schädigen. Außerdem weiß ich, dass ich nicht allein in der Kantine bin, sondern andere mein Tablett sehen und vielleicht sogar mitbekommen, welche Tasten am Kassenautomaten ich drücke. Das Sozialgefüge um mich herum wirkt wie eine informelle, aber durchaus strenge Kontrolle: Jeder wird zum Vorbild. Und trägt entsprechend Verantwortung für sein Tun. Das System kontrolliert sich selbst.

Dafür braucht es keine Führungskraft, aber geeignete Technologien. Manchmal besteht die Technologie nur aus verschiedenfarbigem Geschirr und passenden Knöpfen an einem Automaten. Manchmal ist mehr Aufwand erforderlich.

Aber das System ist stets transparent. Transparenz heißt, dass Sie Ihren Mitarbeitern und Kollegen gegenüber alle Zahlen und Fakten offenlegen. Ergebnisse müssen komplett sichtbar werden – nicht zuletzt, damit sich niemand heimlich aus der Verantwortung stehlen kann. Wenn Sie sich öffnen, wird sich auch Ihr Mitarbeiter oder Kollege öffnen. Alle spielen mit offenen Karten. Das dämmt Misstrauen ein und stärkt Vertrauen. Langfristig gesehen entsteht ein Kollektivbewusstsein. Alle zusammen tragen die Verantwortung – für das, was klappt, und ebenso für alles, was schiefgeht.

Das gesamte System ist verantwortlich. Nicht eine einzelne Führungskraft.

Wirtschaften und Organisieren im 21. Jahrhundert heißt nicht, vieles zu verändern. Es heißt vielmehr, das meiste wegzulassen – und sich den immer größeren, komplexeren Aufgaben, die sich uns in dieser Epoche stellen, mit Freude an Vielfalt, Dynamik und Vernetzung zu widmen.

Dann kann alles passieren. Garantiert! Jetzt nur noch ein wenig Geduld, und wir werden von den Ergebnissen überrascht sein!

Epilog: Go your own way

Der Leadsänger gibt noch einmal alles, als wir den Refrain wiederholen. Ich lasse mich vom Drive des Songs mitreißen, drehe voll auf und nagle meine Basslinie in die Saiten.

Everything's waiting for you
You can go your own way
Go your own way

Hier oben im Scheinwerferlicht ist die Stimmung mindestens genauso angeheizt wie unten, vor der Bühne. Der Rhythmus des Fleetwood-Mac-Klassikers fegt das Publikum von Bänken und Stühlen. Alles tanzt, singt und jammt mit uns mit.

Wahnsinn!

* * *

Noch am Morgen hätte ich mir so was nicht träumen lassen. Ein stinknormales Wochenende stand bevor. Ich ahnte nichts, als das Telefon klingelte.

»Hey, Kumpel, hier spricht Ecki.«

»Ecki?

»Hab gehört, du bist 'n ganz passabler Bassist, korrekt?«

»Äh, na ja. Ab und zu spring ich mal ein«, antwortete ich, während ich fieberhaft überlegte, woher ich einen Ecki kennen sollte.

»Das trifft sich ja gut«, fuhr der andere fort. »Meine Band hat heute Abend 'ne kleine Mucke. Wir treten in Gifhorn auf. Beim Altstadtfest. Dummerweise liegt mein Kollege am Bass im Krankenhaus, und ich bräuchte dringend Ersatz. Du hast nicht zufällig Zeit und Lust, bei uns mitzumachen?«

»Klar, mach ich gerne. Wie heißt eure Band gleich noch mal?«

Als mir Ecki den Namen nannte, bekam ich weiche Knie. Endlich ging mir auf, wen ich da gerade an der Strippe hatte.

Nicht nur, dass die Band zurzeit total angesagt ist und durch die ganze Region tourt. Nein, Ecki gilt auch noch als der coolste und vielseitigste Musiker weit und breit. Vor allem als Rockgitarrist bekannt, hat er daneben praktisch alle Musikstile und Spielweisen drauf – von Eric Clapton bis Jimi Hendrix. Angeblich reißen sich die Leute um Gitarrenunterricht bei ihm. Ein echter Profi. Und außerdem Gründer und unangefochtenes Alphatier seiner Band.

»Okay, Kumpel«, sagte Ecki, »cool, dass du dabei bist. Dann geb ich dir mal die Songs durch. Hast du was zu schreiben?«

Ein paar Minuten später lag eine Liste mit Rock-Klassikern aus allen Epochen vor mir. Es war kein Song dabei, den ich nicht schon mal irgendwann gespielt hatte. Trotzdem nahm ich mir vor, gleich nach dem Telefonat den Bass auszupacken und mir ein paar haarige Stellen noch mal genauer anzuschauen.

»Können wir beim Soundcheck noch ein paar Nummern durchspielen?«, wollte ich zur Sicherheit wissen.

»Ach was, Kumpel, groß proben is' nicht unser Ding. Lass uns einfach Musik machen. Spaß haben. Abrocken! Und viel Zeit bleibt eh nicht. Okay, wir holen dich gegen halb sechs ab. Mach's gut!«

Als ich den Hörer auflegte, hatte ich Gänsehaut.

* * *

Noch einmal gibt Ecki das Zeichen, den Refrain zu wiederholen.

You can call it another lonely day
Another Lonely day
You can go your own way
Go your own way …

Die Lyrics sind durch. Es folgt das Outro. Das geht nahtlos in den frenetischen Jubel der Menge über. Ich gebe zusammen mit dem Schlagzeuger alles.

Der Song ist zu Ende. Ecki tritt ans Mikro, ein gleißender Spot geht an und folgt ihm. Es pfeift schrill und kurz aus den Boxen – Rückkopplung. Das bläuliche Stagelight des letzten Songs geht in eine wärmere Beleuchtung über.

»… spielen wir als Nächstes, äh, was von Lynyrd Skynyrd für euch. Äh – *Sweet Home Alabama.* Habt ihr Lust drauf?«

Wieder tosender Beifall, durchsetzt von Gekreisch wie von Teenie-Fans.

* * *

Hätte mir jemand vorher gesagt, was mich an jenem Abend im August 1990 tatsächlich erwarten würde, hätte ich wahrscheinlich gekniffen. Als ich »Altstadtfest von Gifhorn« hörte, dachte ich an eine Art Gemeindesaal mit 50 Plätzen, von denen die Hälfte leer bleiben würde.

Weit gefehlt!

Auch wenn Gifhorn, zwischen Wolfsburg und Braunschweig gelegen, nur eine Kleinstadt ist, so heißt das jährliche Altstadtfest im Sommer völlig zu Recht »Größtes Open-Air-Kulturfestival in der Region«. Dieses Event ist eine riesige Massenveranstaltung, die scharenweise Besucher aus dem ganzen Umland anzieht.

* * *

So auch heute. Die Veranstalter haben 2000 Leute erwartet, doch es sind weit mehr gekommen. Die Menge vor der Bühne erstreckte sich, so weit das Auge reicht. Unsere Musik dröhnt aus knapp dreißig Lautsprechern über die Köpfe der Leute hinweg. Woodstock-Atmosphäre pur. Nur ohne Schlamm. Eigentlich bin ich ja gar kein Rocker. Aber jetzt, wo ich hier oben auf der Bühne stehe, meinen Bass in der Hand, bin ich geradezu beseelt von der

Musik. Es wird gerockt, was die Instrumente und Verstärker hergeben!

* * *

Rasch schiele ich auf die Setlist, die ich mir an meinen Verstärker geklebt habe. *Sweet Home Alabama*, das trifft sich gut. Endlich mal kein stumpfsinniger Schrammelbass, sondern eine Bassfigur, die kompositorisches Gespür zumindest ahnen lässt.

Nur eine Sache, bemerke ich erschrocken, ist mir nicht ganz klar: die Tonart!!!

Den Schlagzeuger brauche ich nicht zu fragen, dem ist das egal. Ich mache ein, zwei Schritte zur Bühnenmitte hin und suche Eckis Blick. Zum Glück bemerkt er mich und signalisiert bereitwillig Aufmerksamkeit.

»Alabama in G, oder?«, raune ich in möglichst coolem Tonfall.

Ecki zuckt die Schultern.

»Keine Ahnung, wie das heißt, Kumpel.« Er zeigt mir den Griff für den Grundton: »Erster Draht, drittes Feld!«

Was? Ich lasse mir nichts anmerken. Stattdessen nicke ich und nehme meinen Platz wieder ein.

Erster Draht, drittes Feld!

Während wir den Song tatsächlich in G spielen, schiele ich mehrmals unauffällig zu der Person hinüber, die ich als den besten Gitarristen von halb Niedersachsen kennengelernt habe.

Ich kann es nicht glauben. DER TYP KENNT KEINE TONARTEN! Womöglich kennt er auch keine Akkordnamen … vom Notenlesen ganz zu schweigen. Er weiß ja offenbar noch nicht einmal, was ein Bund ist oder eine Saite! Das kann doch nicht wahr sein!

Wrong Turn!

Hätte ich damals, im Jahr 1990, schon von Dingen wie Halo-Effekt und falscher kausaler Richtung gewusst – ich wäre vermutlich nicht halb so verblüfft gewesen.

Meine Verblüffung ergab sich aus dem scheinbaren massiven Widerspruch zwischen dem, was Ecki über sein Instrument wusste – nämlich rein gar nichts –, und dem, was er als Gitarrist draufhatte. Er war zweifellos ein Könner – um nicht zu sagen, ein brillanter Virtuose.

An jenem Abend in Gifhorn gelangte ich zu einer wesentlichen Erkenntnis, nämlich, dass es einen Unterschied gibt zwischen Wissen und Können. Zwischen Modellen und der Wirklichkeit.

Und auf diesen Unterschied kommt es an.

You can go your own way!

Meine Inspirationsquellen

Der lange Weg zu neuen Erkenntnissen auf den Spielfeldern Wirtschaft im Allgemeinen sowie Führung, Organisation und Management im Speziellen führt an einer Vielzahl von falschen Abzweigungen vorbei. Viele kluge Menschen haben so manchem dieser Wrong Turns nicht widerstehen können.

Ich bin mit meinem Buch ebenfalls auf diesem Weg unterwegs– und auch nicht gegen falsche Abzweigungen gefeit. Doch immerhin kann ich von all den Pionieren, die vor mir kamen, profitieren – von den Mutigen, die falsch abgebogen sind, genauso wie von den Vor- und Mitdenkern, die mich inspiriert haben.

Schon während meiner Dissertation über Agentensysteme in der Produktionswirtschaft beschäftigte ich mich auf Initiative meines Doktorvaters Hans-Peter Wiendahl mit der Systemtheorie von Niklas Luhmann. Die Denkweisen und Erklärungsmodelle soziotechnischer Systeme waren eine harte intellektuelle Nuss – und zugleich ein erfrischender Gegensatz zum mechanistischen Weltbild des Ingenieurstudiums. Ich erinnere mich noch gut, wie überrascht ich war, als ich zum ersten Mal das Buch der beiden chilenischen Biologen Humberto Maturana und Francisco Varela in Händen hielt. Der Titel *Baum der Erkenntnis* wirkte auf mich zunächst erschreckend esoterisch. Ihr Konzept der Autopoiese aber fasziniert mich nach wie vor. Und noch heute greife ich zu den Büchern von William R. Ashby, Russel Ackoff, Peter Senge, Frederik Vester, Stafford Beer oder Dietrich Dörner, denen ich ebenfalls viele Erkenntnisse verdanke.

Auch die Werke von Fritz B. Simon gehören in diese Reihe. Vor allem die von ihm herausgegebene Festschrift *Vor dem Spiel ist nach dem Spiel* hat mich begeistert, weil Fußball als populäres Beispiel für komplexe Systeme und damit als Analogie so attraktiv und hilfreich ist.

Prägend für meine Vorstellung von Führung im 21. Jahrhundert waren die zahlreichen, teils kontroversen Diskussionen mit meinem Freund und Kollegen Niels Pfläging sowie mit unser beider »Meister« Gerhard Wohland. Dessen Buch *Denkwerkzeuge für Höchstleister* würde ich sehr gerne in der akademische Ausbildung junger Ingenieure sehen.

Wrong Turn wäre nicht das geworden, was es ist, ohne die Werke von Dan Pink, Nassim Nicholas Taleb, Daniel Kahneman, Reinhard Sprenger, Peter Kruse, Richard Sennett oder Gunter Dueck, dessen Wortwitz ich besonders schätze. Sein satirisches Handbuch *Direkt-Karriere* zählt daher zu meiner Lieblingslektüre.

Wenn man Wirtschaft nicht nur beobachtet, sondern auch in ihr handelt, wird man besonders geprägt. Hier profitiere ich vom steten Diskurs mit meinen unternehmerischen Mitstreitern, allen voran Benno Löffler und Mark Poppenborg. Darüber hinaus sind es Heroen und Pioniere wie Ricardo Semler, Götz Werner oder Herb Kelleher, die mir und uns allen gezeigt haben, dass alternative Führungssysteme, die auf Selbstorganisation und Vertrauen beruhen, jeden Wettbewerber schlagen können.

Abseits der Ökonomie war das Hollywood-Sportdrama *Moneyball – Die Kunst zu gewinnen* für mich eine Quelle der Inspiration. Die Geschichte vom Kampf eines amerikanischen Baseball-Trainers gegen alle etablierten Führungsregeln der Branche ist augenöffnend für die vielen Facetten neuer Führung.

Die ungeheure Kraft von Autonomie und Sinnkopplung wird mir immer wieder im musikalischen Zusammenspiel bewusst, sodass ich den Jazz und seine Protagonisten hier durchaus als Inspiratoren nennen kann.

All den genannten Lehrmeistern danke ich von Herzen. Und natürlich auch den vielen anderen, die ich übersehen oder hier vergessen habe.